福島原発大事故
土壌と農作物の放射性核種汚染

浅見　輝男

アグネ技術センター

はじめに

　マグロ漁船第五福竜丸の船員23人は1954年3月1日未明，西方に異様な光を見た．その7～8分後に大爆音を聞いたという．その3時間後の午前7時頃から5～6時間，白い微粒子すなわち「死の灰」が甲板に降り注ぎ，甲板を歩くと，雪の上を歩いたように足跡が残ったという．異変を感じた乗組員は直ちに漁具を引き上げ，午前11時までには最大速力8ノットで日本に向け出航した．13日後の3月14日早朝に母港の焼津港に帰港した．その頃には乗組員全員がベーター線火傷を負い，死の灰から放出されるベーター線やガンマー線をあびて急性放射線症になっていた．第五福竜丸のビキニ被災事件は瞬く間に日本中に知られ「放射能マグロ」「原爆マグロ」は日本国民をパニック状態に追い込んだ．
　乗組員はガンマー線による外部被曝だけでも，多い人ですでに5～7シーベルト，少ない人でも1.7～2.2シーベルトの被曝をしていた．大部分の乗組員の白血球数は1マイクロリットル当たり3000以下に減少し，身体表面には紅斑，浮腫，ビラン，壊死，化膿，脱毛など典型的な急性放射線障害の諸症状が現れていた．ビキニ・エニウェトク環礁における水爆実験で放射能汚染を受けた日本漁船は1954年12月までに856隻が数えられ，457トンのマグロなどの魚が放射能汚染のために廃棄された（野口，2011a, p.130～133）．
　米国は，第五福竜丸の被爆を矮小化するために，1954年4月22日の時点で米国の国家安全保障会議作戦調整委員会（OCB）は「水爆や関連する開発への日本人の好ましくない態度を相殺するための米政府の行動リスト」を起草し，科学的対策として「日本人患者の発病の原因は，放射能よりむしろサンゴの塵の化学的影響とする」と明記し，「放射線の影響を受けた日本の漁師が死んだ場合，日米合同の病理解剖や死因についての共同声明の発表の準備も含め，非

常事態対策案を練る」と決めていた．実際，同年9月に久保山無線長が死亡した際に，日本の医師団は死因を「放射能症」と発表したが，米国は現在まで「放射線が直接の原因ではない」との見解を取り続けている．第五福竜丸は被爆後，救援信号（SOS）を発することなく他の数百隻の漁船同様に自力で焼津漁港に帰港した．これは，船員達が実験海域での被爆の事実を隠蔽しようとする米軍に撃沈される事を恐れていたためであると言われている（Wikipedia: 第五福竜丸より）．米国の嘘は，北ベトナムに攻撃されたとして北爆に踏み切った「トンキン湾事件」，大量破壊兵器を所持しているとしてイラク攻撃に踏み切ったことなど枚挙にいとまがない．

また，ビキニ環礁における米国の大気圏核爆発実験によって日本を含む多くの国に放射性核種が降り注いだ．

1954年3月1日の頃，私は大学3年であった．上記のような騒然とした社会状況の下で，その年の夏休みに，郷里の埼玉県南埼玉郡久喜町（現在は，2度の市町村合併でだだっ広くなった久喜市）の友人，一橋大学のM君，早稲田大学のS君らと相談して，講演会を開くことにした．当時，久喜町に住んでいた法政大学文学部教授の小原 元さんには種々相談し，国鉄をレッドパージされたNさんやOさんには宣伝をして頂いた．

講演会は，8月に，千勝神社の社務所を借りて開いた．講師には，肥田舜太郎さん（埼玉県行田診療所長）と熊澤喜久雄さん（東京大学農学部助手）にお願いした．肥田さんは広島に原爆が投下された直後に現地に入り，救援活動をされた経験に基づいた話しをされた．熊澤さんはご自身で分析された放射性核種による作物汚染の話しをされた．聴衆は約60人であったと記憶している．このような集会に，当時の人口1万人のこの町で60人集まったことは，珍しいと言われた．

当時，肥田さんは37歳，熊澤さんは26歳，私は22歳，皆若かった．肥田さんは今回の福島第一原発大事故を知り，すぐ現地に入られたことを新聞で読んだ．熊澤さんもその後，種々の分野で御活躍になっている．

久保山愛吉さんは，「原水爆の被害者は私を最後にしてほしい」と語って，その年の9月23日に亡くなった．

はじめに

　第五福竜丸の乗組員は東京第一病院や東京大学医学部附属病院などに入院された．その年の秋の病院職員組合主催の運動会に，入院していた第五福竜丸の患者さんも招待された．写真1はその時の様子である．後の2階建は理学部化学科の建物であり，関東大震災でもビクともしなかったと言われている．この建物の中で，理学部化学科の教授であった木村健次郎さん，南 英一さんのグループによって「死の灰」の分析が行われた．当時の病院職員組合書記長は後で私の妻になった大関ノブ子であった．当時，私は彼女のことを全く知らなかった．

　第1回日本母親大会が開かれたのは翌1955年6月7日のことであった．日本母親大会はビキニ環礁での水爆実験に反対する世論のなかで生まれた．全国から約2000人が参加し，久保山愛吉さんの妻すずさんが，「犠牲者は私の夫一人でたくさんです．私のねがいは『水爆実験を止めよ．原水爆を禁止せよ』との夫の死の床の最後の叫びを強くねがうことです」と訴えて，会場は平和への意思で一つになったとのことである．現在，福島第一原発大事故による放射能汚染から子どもを守る運動が各地で広がっているのは，第一回母親大会に象徴される母親達の熱い思いにつながっているのであろう．

　さて，ビキニ事件から5年後の1959年4月に私は東京大学農学部助手になった．研究室は農芸化学科土壌学研究室であった．その半年後に，農学部職員

写真1　東大医学部附属病院職員組合の運動会に招待された第五福竜丸の
　　　　患者さん達（東大御殿山グラウンドにて）（浅見ノブ子のアルバムより）

組合の執行委員になり，役職を決める農学部職員組合第一回執行委員会の席上，私に東京大学職員組合（東職）の執行委員になってくれとの要請があった．東職は各学部および研究所等のそれぞれの組合の連合体であり，全組合員は3500人位であったと記憶している．書記長を引き受ける人が居なかったので，やむなく私が引き受けた．初めての組合執行委員が東職書記長であったのでいろいろ大変であった．前の期の執行委員会委員長は社会科学研究所助教授の渡辺洋三さん，書記長は農学部農業経済学科助手の梶井 功さんだった．1960年4月，次期に引き継いだが，執行委員長は史料編纂所助手の松島栄一さんだった．余談になるが，病院職員組合からは大関ノブ子が執行委員になって出ていた．というわけで，1960年4月，安保改定反対闘争のまっただ中で結婚した．その時からすでに51年が経過している．

　その後，再び放射能問題と向き合うことになったのは，1999年9月30日に起こったJCO臨界事故の時である．当時，私は日本学術会議（第6部－農学）の会員であった．先に述べた渡辺さん，梶井さん，熊澤さんも日本学術会議の会員経験者である．

　JCO臨界事故は9月30日午前10時35分に起こった．JCOは11時19分に，科学技術庁に「臨界事故の可能性あり」とのファックスを送った．13時22分に原子力研究所那珂研究所で，放射線監視モニターの中性子線量率が異常に増加していることが発見され，担当者は始め「ノイズとみられる」とコメントを付けて，科学技術庁に記録をファックスで送信したが，約1時間後に「中性子が到達したもの」と訂正を入れた．しかし，科学技術庁として臨界事故と判断し，対策をとったのは，事故発生からかなり後であった．このことは，科学技術庁が「事故は起こらない」という「安全神話」に侵されていたという何よりの証拠であろう．東海村村長の独自の判断で避難勧告を出したのは15時であった．臨界事故により10時35分のバーストの後，臨界状態は約20時間継続したので，強い中性子線やガンマー線などの放射線を周辺住民は浴び続けていた．政府の「助言」によって県知事が10km圏内の住民の屋内待避を勧告したのは事故発生12時間後の22時30分であった（舘野・野口・青柳（2000），p.30～34）．このような経過を見ると，今回の福島第一原発大事故の際の東京電力・

日本政府の対応に類似しており，今回もスリーマイル島原発事故，チェルノブイリ原発事故，JCO 臨界事故から何ら教訓を得ていないと言わざるを得ない．

JCO 臨界事故の頃，「安全」に係わる事件が続発していた．JCO 臨界事故，JR でのコンクリート落下事故，三度にわたるロケット打ち上げ失敗，地下鉄日比谷線脱線事故等々，枚挙にいとまがない程であった．日本学術会議は 1999 年 10 月の総会において「安全に関する緊急特別委員会」を組織した．私は第 6 部（農学）選出の委員を委嘱され，幹事を引き受けた．その時の経験を基にして日本科学者会議機関誌「日本の科学者」に「原子力産業における安全確保」を 2000 年に，「放射性物質による環境汚染を防ぐために」を 2003 年に書いた．これらの内容は現在でも有効性を維持していると考えられるので，本書の巻末に採録した．

これより先，日本学術会議第 17 回総会（1954 年 4 月 23 日）は「日本の原子力の研究と利用に関し公開，民主，自主の原則を要求する声明」を決定した．そこでは「わが国において原子兵器に関する研究を行わないのは勿論，外国の原子兵器と関連ある一切の研究を行ってはならない」との決意を表明し，この精神を保障するために「まず原子力の研究と利用に関する一切の情報が完全に公開され，国民に周知されること」「真に民主的な運営によって，わが国の原子力研究が行われること」「原子力の研究と利用は，日本国民の自主性ある運営の下に行われるべきこと」を要求している．ここに言う「公開」「民主」「自主」が原子力三原則である．その後，1955 年 12 月 19 日に成立した「原子力基本法」第 2 条（基本方針）に，日本学術会議が提起した原子力三原則が一応盛り込まれている．

その後，原子力産業の「発展」の中で，この原子力三原則はどのような運命をたどったのであろうか．1956 年 1 月 1 日に原子力委員会が発足し，1 月 4 日に第 1 回会合が開かれた．初代原子力委員長は正力松太郎氏で，その他のメンバーには経団連会長を辞任してこの仕事に専念するという石川一郎氏，また湯川秀樹，藤岡由夫，有沢広巳などの諸氏がいた．翌年 1 月 5 日，正力氏は初代原子力委員長として北陸にお国入りをした際に，車中談で「5 年後には実用規模の発電炉を建てる」と述べた．これは基礎研究から積み上げて技術を高め，

自主的に原子力を育てていこうという学界の考え方と真っ向から対立するものであった．この問題が湯川委員の辞任事件に発展した．このように最初から原子力三原則は無視され，日本における原子力産業が「発展」してきたわけである．米国の原子力発電の技術を導入するとして「自主」を放棄した政府・原子力産業界が「民主」や「公開」を積極的に行うとは考えられない．原子力産業界や政府は，政府・原子力産業の危険を訴えた職員の処分や組合の切崩しと第二組合の結成に狂奔した．また，住民になるべく問題点を知らせずに，また事故が起こっても，虚偽によって何とか問題点を糊塗しようとしてきたことは，周知の事実である．

　スリーマイル島（TMI）原発事故（1979）の後に，米国大統領特別調査委員会（ケメニー委員長）がつくられた．ケメニー報告はその総合的結論の冒頭において「スリーマイル島事故のような深刻な原子力事故を防ぐためには，機構，許認可手続き，方法，また特に原子力規制委員会の姿勢，…原子力産業の姿勢に根本的な変革が必要である」，また「原子力発電所は十分安全だという考えが，いつか確たる信念として根を下ろすに至った．この事実を認識してはじめてTMI事故を防止し得たはずの多くの重要な措置がなぜとられなかったのか，を理解することができる．こうした態度を改め，原子力は本来危険をはらんでいる，と口に出していう態度にかえなければならない，と当委員会は確信する」．さらに「現在ある原子力委員会は，安全目標を有効に追求するだけの組織管理能力を持っていない，と当委員会は判断する」「原子力規制委員会を行政部門から独立した新機関として再編成する」「新原子力規制委員会委員長は，現在の原子力規制委員会の外部のものでなければならない」とも述べている．

　スリーマイル島原発事故とチェルノブイリ原発事故（1986）の後，国際原子力機関（IAEA）に設置されている国際原子力安全諮問グループ（INSAG）は「原子力発電所のための基本安全原則」という報告書を1988年に出している．本報告書の「まえがき」には「本書は，発電用原子力プラントの安全に関するものであるが，ほとんどの点で他の目的に供する原子力プラントにも有効である」と述べられている．また，「発生確率は非常に低いが，設計上明確に考慮されている事故よりもさらに過酷な事故（『設計基準外』事故）に対しても考慮

が払われる」「それでもなお,そのような事故は起こりうるので,事故の進行を制御し,その影響を軽減するような処理方法を用意する」ことを「技術的安全目標」としている.また,原子力発電所を規制する体制についても「政府は,原子力産業に対する法律的な枠組み,および原子力発電所の認可と規制および適切な規制の施行を行う独立した規制組織を確立する.既成組織の責任と他の組織との分離が明確であり,これにより既成組織が安全当局としての独立性を保持し,不当な圧力から守られる」と述べている.

ケメニー報告および INSAG 報告後の国会における政府答弁は「わが国の原子力施設におきましては,設計,建設,運転の各段階におきまして厳しい安全規制によりまして十分な安全確保対策が実施されておりまして,シビアアクシデントがおこるとは現実的には考えられない程度にまで安全性が高められていると考えております.したがいまして,シビアアクシデント対策の見地から安全規制を改める必要性はないと考えております」(参議院外務委員会会議録第8号,平成2(1990)年6月19日)というものであって,スリーマイル島原発事故およびチェルノブイリ原発事故から何らの教訓も得ず,日本の原子力政策は「微動」もしなかった(浅見,2000).

このような原子力行政についての歴史的状況の下で,今回の福島第一原発大事故が発生した.その後の対応の遅れ,情報の秘匿および被害を小さく見せようとする行為は,以上に述べたこれまでの東電・政府の挙動の延長線上にあると考えられる.

最近,福島第一原発大事故に関連して,私の知人3人が時々テレビ,新聞,雑誌に登場して,まともな意見を述べている.舘野 淳さんは,私が日本科学者会議茨城支部事務局長の時に委員になっておられた.安斎育郎さんとは日本学術会議平和問題連絡委員会幹事をやっていたときに一緒だった.この委員会には元長崎大学学長で核兵器廃絶の運動に熱心な土山秀夫さんもおられた.野口邦和さんとは日本環境学会の年会等でよくお会いした.

話しは変わるが,X線(レントゲン線)の発見は,最初の放射線の発見であった.1989年9月7日に,当時西ドイツのビュルツブルグにあるレントゲンの研究室があった建物を見た.写真2A はレントゲンが X 線を発見した研究室のあ

写真2A　レントゲンの家（著者撮影）

る建物であり，写真2Bは1階左端の壁に書かれた説明文である．そこには「この建物の中で，W.C.レントゲンは彼の名にちなんで名付けられた放射線を1895年に発見した」と書かれている．

その前年，1988年4月16日には，ポーランドのワルシャワにあるキュリー夫人の生家を尋ねた．キュリー夫人は「放射能」という術語を作った人である．現在，そこは博物館になっている．写真3Aはキュリー夫人博物館の建物，写真3Bは入口の右上に掲げられていた説明文，写真3Cは博物館内にあったキュリー夫人の写真である．説明文には「1898年に放射性元素であるポロニウムとラジウムを発見したマリヤ・スクウォドスカ＝キュリーは，1867年11月7日にこの家で生まれ

写真2B　レントゲンの家の壁に書かれた説明書（著者撮影）

写真3A　キュリー夫人の生家（キュリー夫人博物館）（著者撮影）

写真3B　キュリー夫人博物館の入口右上の説明書（著者撮影）

た」という意味のことが書かれている．上から2行目の数字は1807に見えるが，1867である．

　私は，ここ40年間，土壌―植物系におけるカドミウムなど有害元素の挙動について研究しており，2010年4月には『改訂増補　データで示す―日本土壌の有害金属汚染』という本をアグネ技術センターから出版し，これが私の最後の著書になるであろうと思っていた．そこに，今回の福島第一原発大事故が起こってしまった．私は，放射性核種による環境汚染については実験や調査をしたことがない．にもかかわらず，本書を書く気になったのは，土壌―植物系の

放射性核種による汚染についての本の必要性を感じたことと,やはり血が騒いだということであろう.なお,先述の『改訂増補データで示す—日本土壌の有害金属汚染』には汚染土壌の修復についても書かれており,今回の放射性核種による汚染土壌の修復についても参考になると考えられる.

　本書は,省庁,自治体あるいは研究所等のホームページに載っているデータや新聞のデータをまとめながら執筆した.したがって,若干の重複があることをあらかじめおことわりしておく.

　本書執筆に当たり,種々お世話になった多くの方々に感謝申し上げる.本書が放射能汚染に対峙する活動をされる方々の参考になれば望外の喜びである.

写真3C　博物館内にあったキュリー夫人の写真（著者撮影）

目　次

はじめに ———————————————————————————————— i
本書の用語等について ———————————————————————— xiv

緒　　言 ———————————————————————————————— xvi
I　福島第一原発大事故の経緯と放射性核種の排出 ———————————— 1
　1. 地震と津波の規模 ———————————————————————— 1
　2. 福島第一原発大事故の状況 ———————————————————— 3
　　2-1　原発の状態 ———————————————————————— 3
　　2-2　住民の避難 ———————————————————————— 5
　　2-3　放射性核種の除染 ———————————————————— 6
　3. 大気中に放出された放射性核種 —————————————————— 6
　4. 食品・放射性核種の基礎知識 —————————————————— 9
　　4-1　食品の暫定規制値 ———————————————————— 9
　　4-2　日本人の食品種類別摂取量 ———————————————— 11
　　4-3　放射線の感受性—影響の受けやすさ ———————————— 12
　　4-4　放射線量の換算 ————————————————————— 13
　　4-5　放射性核種の半減期 ——————————————————— 15
　　4-6　自然放射能 ——————————————————————— 16
　5. 放出された放射性セシウムによる土壌汚染 ———————————— 17
　　5-1　福島県の土壌汚染 ———————————————————— 18
　　5-2　福島周辺県の土壌汚染 —————————————————— 25
　　5-3　放射性セシウムの航空機モニタリングによる土壌表面汚染図 — 26
　　5-4　筑波大学作成の福島県，茨城県およびその近隣の放射性核種による
　　　　 土壌表面汚染図 ————————————————————— 28
　　5-5　放射性セシウム濃度の重量—面積当たりの換算 ——————— 29
　6. 農作物の汚染 ————————————————————————— 32
　　6-1　福島県の野菜等および原乳・牛肉 ————————————— 32
　　6-2　福島周辺都県の野菜 ——————————————————— 38
　　6-3　魚類 ——————————————————————————— 45
　7. 汚染土壌の修復 ———————————————————————— 46
　　7-1　農業土木学的方法 ———————————————————— 47
　　7-2　生物学的方法（植物修復） ———————————————— 48
　　7-3　化学的方法 ——————————————————————— 50

II 大気圏内核爆発実験による日本の土壌・作物汚染 ───── 51
1. 土壌と粘土鉱物および 2:1 型粘土鉱物によるセシウムイオンの固定 … 52
- 1-1 土壌とは … 52
- 1-2 固定の解説 … 53

2. セシウム-137 とストロンチウム-90 の土壌中挙動 … 55
- 2-1 セシウム-137 の固定 … 55
- 2-2 吸着・固定に及ぼす陽イオン添加の影響 … 56
- 2-3 吸着・固定に及ぼす pH の影響 … 58
- 2-4 各種有機物による吸着・固定 … 58
- 2-5 固定に及ぼす湛水処理の影響 … 59
- 2-6 雨水による溶脱 … 60

3. 土壌中セシウム-137 とストロンチウム-90 の水稲による吸収とその対策 … 62
- 3-1 根からの吸収とその抑制 … 62
- 3-2 陽イオン添加の影響 … 64
- 3-3 吸収率の経年変化 … 65
- 3-4 水稲の直接汚染 … 66

4. 各種作物による土壌中セシウム-137 とストロンチウム-90 の移行係数 … 67
- 4-1 土壌から作物への移行係数 … 67
- 4-2 IAEA による … 69
- 4-3 農林水産省による … 71
- 4-4 原子力環境整備センターによる … 74

5. 放出されたセシウム-137 とストロンチウム-90 の土壌と作物中濃度の推移 … 75
- 5-1 水田土壌中の推移 … 75
- 5-2 畑土壌中の推移 … 77
- 5-3 水田・畑作土中の半減期 … 79
- 5-4 玄米と白米および玄麦中濃度の経年推移 … 80
- 5-5 白米と玄麦の汚染経路 … 84

III チェルノブイリ原発事故の環境影響 ───── 87
1. チェルノブイリ原発事故の様相 … 87
2. チェルノブイリ原発事故後の農業生産への対策 … 91
- 2-1 土壌処理 … 91
- 2-2 汚染地での飼料作物の変更 … 92
- 2-3 清浄給餌（Clean feeding） … 92
- 2-4 まとめ … 93

　　　　　　　　　　目　次

　3. 日本における環境影響調査の必要性 ………………………………… 94

資料編 ─────────────────────────────── 97
　①原子力産業における安全確保………………………………………… 97
　②放射性物質による環境汚染を防ぐために……………………………105
　③食品の調理・加工による放射性核種の除去…………………………113

おわりに ──────────────────────────── 115
引用文献 ──────────────────────────── 117
索　引 ───────────────────────────── 119

本書の用語等について

【用語について】

核種：すべての物質は原子からできている．原子は原子核とその周りを回る電子からなっている．原子核は＋電荷を持ち，電子はそれと釣り合う－電荷を持っている．原子核は＋の電荷を持つ陽子と電荷を持たない中性子で構成されている．同じ数の陽子を持つ原子は同じ元素であり，同じ元素記号で表示される．元素記号が同じでも中性子数が違うものがあり，核種（または同位体）という．核種のうち放射能を持つものを放射性核種という．放射性核種は放射線を出し，別の核種に変わる．

放射線：放射線にはアルファー線，ベーター線，ガンマー線などがある．アルファー線はアルファー粒子の放出による．アルファー粒子は陽子 2 個と中性子 2 個からなり，ヘリウムの原子核である．ベーター線は電子の放出による．ガンマー線は電磁波である．アルファー線を出す放射性核種はプルトニウム-239 など重い原子に特有なものである．ベーター線を出す核種はストロンチウム-90 などである．ガンマー線を出す核種はセシウム-134，セシウム-137，ヨウ素-131 などである．空気中や体内での移動距離はガンマー線＞ベーター線＞アルファー線の順である．

半減期の種類：放射性核種はそれぞれ特有の物理学的半減期，生物学的半減期および実効半減期を持っている（表 1，表 5 参照）．これとは別に，水田土壌や畑土壌の作土中半減期もある（5-3 参照）．

【試料の採取法，分析結果の表示法について】

土壌試料の採取法：放射性降下物は土壌表面に蓄積されるので，採取する土壌の深さで値が全く異なってくる．たとえば，0〜5 cm を採取した場合と 0〜15 cm 採取した場合では，0〜5 cm 採取した方が 3 倍大きい値となる．したがって，1 kg あたり Bq で表示する場合には，土壌採取の深さを表示しなければ，無意味のデータとなる．

土壌分析値の表示法：土壌学の分野では 105℃，5 時間乾燥させた乾物（乾土）

当たりで表示する．しかし，土壌学の専門家以外では，風乾物当たり，あるいは採取したままの生土当たりで表示する人がいるかもしれない．いずれにせよ，乾物当たり（DW）か，風乾物当たり（ADW）か，生重当たり（FW）を明記しなければ分析データの価値は低くなる．

農作物の採取法：現地で農作物を採取する場合には，1筆の水田や畑で何ヵ所から採取し，なるべく平均的な値になるようにする．収穫された農作物の場合でも同様である．

農作物分析値の表示法：IAEA による移行係数のように乾物当たり（DW）で表示する場合（表14, 表15）と，農林水産省などのように新鮮重当たり（FW）で表す場合（表16）がある．しかも，どちらであるか表示しない場合が多い．葉菜の場合水分が90％以上含まれているものもあり，値が10倍以上違ってくる．DW か FW であるかを明示しないデータは価値が低い．FW は収穫後，時間の経過と共に減少するので，DW で表示すべきであるという考え方があり，他方では現実に使う野菜等は生のものであるから，FW で表示した方がよいとの考え方がある．

【放射性物質の単位について】

ベクレル（Bq）やシーベルト（Sv）の表示に，μBq, mBq, Bq, kBq などを用いることがある．1 kBq は 1000 Bq, 1 Bq は 1000 mBq, 1 mBq は 1000 μBq である．同様に 1 kSv は 1000 Sv, 1 v は 1000 mSv, 1 mSv は 1000 μSv である．

ベクレル（Bq）：放射性物質から出される放射能の強さ．1 Bq は，放射性原子が1秒間に1個の割合で別の種類の原子に変わる場合の放射能の強さ．通常 1 kg 当たりの Bq で表示

シーベルト（Sv）：人体が放射能を受けたとき，その影響の度合を表す目安となる放射線量．線種（α, β, γ 線）を問わず，同程度の被害を表すことができる．

緒　言

　東日本大地震とそれにともなう大津波および福島第一原子力発電所（以下，福島第一原発と称する）の大事故は，関係住民はもとより，日本国民に甚大な被害を，世界の人々に一定の影響をもたらしたし，今後も継続してもたらそうとしている．本書では，まず，地震・津波・福島第一原発大事故の状況と，原発大事故による土壌と作物等の放射性核種による汚染について述べる．

　次に，セシウム-137とストロンチウム-90の土壌―植物系における挙動についての実験結果について説明する．その後で，1954年の米国によるビキニ環礁における大気圏内核爆発実験およびそれ以後の大気圏内核爆発実験により日本土壌に降り注いだセシウム-137およびストロンチウム-90の土壌―植物系汚染の様子について述べ，今回の福島第一原発大事故が環境に与える今後の影響を考えることにしたい．最後に，チェルノブイリ原発事故による環境汚染について述べ，今回の福島第一原発大事故による放射性核種による環境汚染について詳細な調査の必要性について述べた．

福島第一原発大事故の経緯と放射性核種の排出

　2011年3月11日に発生した東日本大震災の際，東京電力福島第一原子力発電所の大事故により，放射性核種が大量に大気中および海水中に放出され，土壌，河川水，河川底質，海水，海の底質，人，家畜，作物を含む陸棲生物および魚，海藻などの海棲生物を汚染した．放射性降下物は葉などから作物に吸収されるし，また，土壌に落下して土壌から作物に吸収され，その後，人や家畜に食べられて体内に入るものと考えられる．そこで，まず，地震と地震にともなって発生した津波について簡単に触れ，次に，福島第一原発大事故の様態について述べる．さらに，放射性セシウム（セシウム-134＋セシウム-137）による土壌汚染およびヨウ素-131および放射性セシウムによる作物等の汚染について述べ，最後に，汚染土壌の修復についての問題点について触れたい．

1. 地震と津波の規模

　2011年3月11日午後2時46分頃発生したマグニチュード(M)9.0の地震は，チリ地震（1960, M 9.5），アラスカ地震（1964, M 9.2），スマトラ沖地震（2004, M 9.1）に次ぐ世界で4番目の巨大地震であった．日本では勿論最大の地震であり，宝永地震（1707, M 8.6），貞観地震（869, M 8.3），三陸地震津波（1896, M 8 1/4），三陸沖地震（1933, M 8.1）がこれに続いている．なお，関東大震災

(1923) は M 7.9, 阪神・淡路大震災 (1995) は M 7.3 であった.

理科年表 (平成 23 年版) によって, 上記の 6 つの大地震の際の被害と津波の高さについて古い順に記述する.

貞観地震 (869)：M 8.3, 震源地は三陸沿岸. 城郭, 倉庫, 門櫓, 垣壁など崩れ落ち倒潰するもの多数, 津波が多賀城下を襲い, 溺死者約 1 千人, 流光昼のごとく隠映すという. 三陸沖の巨大地震と見られる. 津波の高さは 30 m 以上と推定される.

宝永地震 (1707)：M 8.6, 震源地は五畿・七道. わが国最大級の地震の 1 つ. 全体で少なくとも死者 2 万人, 潰家 6 万, 流出家 2 万, 震害は東海道・伊勢湾・紀伊半島で最もひどく, 津波が紀伊半島から九州までの太平洋沿岸や瀬戸内海を襲った. 津波の被害は土佐が最大. 室戸・串本・御前崎で 1～2 m 隆起し, 高知市の東部の地約 20 km² が最大 2 m 沈下した. 遠州灘沖および紀伊半島沖で 2 つの巨大地震が同時に起こったとも考えられる. 津波の高さは最大 30 m 以上と推定されている.

三陸地震津波 (1896)：M 8 1/4, 震源地は岩手県沖. 震害はない. 津波が北海道より牡鹿半島に至る海岸に押し寄せ, 死者は北海道 6 人, 青森県 343 人, 岩手県 18158 人, 宮城県 3452 人で, 合計 21959 人であった. 家屋の流出全半壊は 1 万戸以上, 船の被害 7 千隻. 津波の波高は吉浜 (岩手県大船渡市三陸町吉浜) で 24.4 m, 綾里 (同三陸町綾里) で 38.2 m, 田老 (岩手県宮古市田老) で 14.6 m であった. また, 津波はハワイやカリフォルニアに達した.

関東大震災 (1923)：M 7.9, 震源地は神奈川県西部. 地震後火災が発生して被害を大きくした. 全体で死者・不明者 10 万 5 千余人, 住家全潰 10 万 9 千余, 半潰 10 万 2 千余, 焼失 21 万 2 千余 (全半潰後の焼失を含む), 山崩れ, 崖崩れが多い. 房総方面・神奈川南部は隆起し, 東京付近以西・神奈川北方は沈下した. 相模湾の海底は小田原－布良線以北は隆起, 南は沈下した. 関東沿岸に津波が来襲し, 波高は熱海で 12 m, 横浜で 9.3 m など.

三陸沖地震 (1933)：M 8.1, 震源地は三陸沖. 震害は少なかった. 津波が太平洋沿岸を襲い, 三陸沿岸で被害は最大, 死者・行方不明者 3069 人, 家屋流出 4034, 倒潰 1817, 浸水 4018, 波高は綾里湾で 28.7 m に達した. 日本海

溝付近で発生した巨大な正断層型と考えられている．

阪神淡路大震災（1995）：M 7.3，震源地は兵庫県南部．活断層の活動によるいわゆる直下型地震．神戸，洲本で震度6だったが，現地調査により淡路島の一部から神戸市，芦屋市，西宮市，宝塚市にかけて震度7の地域があることが明らかになった．多くの木造家屋，鉄筋コンクリート造，鉄骨造，などの建物のほか，高速道路，新幹線を含む鉄道線路なども崩壊した．死者6433人，行方不明者3人，負傷者43792人，住家全壊104906，半壊144274，住家全半焼6千以上．

とのことである．

　今回の津波は，吉浜で約20 m，綾里で約23 m，田老で20 m以上であったという．三陸地震津波の際38.2 mの津波が来たことは判っていたので，今回の津波を「想定外」ということは出来ない．しかし，この高さの津波にも安全であるという措置をとっている原発は皆無であるように思われる．なお，報道によると，7月1日現在で死者15520人，行方不明者7173人である．

2. 福島第一原発大事故の状況

2-1 原発の状態

　主に，野口（2011b）によって福島第一原発大事故の推移について述べる．地震の揺れを地震感知器が感じて，即座に原子炉に制御棒が挿入された．その結果，運転中の福島第一原発の1，2，3号機と福島第二原発の1，2，3，4号機は全て緊急停止した．ところが，福島第一原発では送電鉄塔が地震により倒壊し，外部電源を喪失してしまった．発電所内には非常用電源が用意してあり，ディーゼル発電機が備えてあった．ディーゼル発電機は全て正常に動き始め，炉心に冷却水を送り込めた．しかし，そこに大津波が来襲した．大津波でディーゼル発電機をはじめ非常用電源が水に浸かって，すべて停止し炉心の冷却が出来なくなってしまった．

　一番の問題は津波の想定が甘かったことである．福島第一原発は5.4～5.7 mの津波に対応できる設計だったとのことであるが，今回は14～15 mの津波が

襲来した．先に述べたように明治時代の三陸地震津波では38.2mの津波が記録されており，「想定外」ではなく14〜15mという「想定内」の津波の襲来に対して無力であった．

外部電力と非常用電源を失い，炉心の冷却が出来なくなった．そのため，原子炉内の核燃料の温度が上昇して，水が蒸発する．一部，燃料がむき出し状態になり，燃料を包んでいた燃料被覆管のジルコニウム合金と水が反応して水素ガスが大量に発生した．さらに，燃料の温度が上がり，燃料被覆管が溶融した．燃料自身も熱で膨張し，ぼろぼろになって一部溶融した．気体の発生によって圧力容器や格納容器内の圧力が急激に上昇していった．そのため，格納容器のベント（排気弁）を開いて一時的に圧力を下げた（6月24日付『毎日新聞』朝刊によれば「ベント」は失敗したらしい）が，原子炉建屋内にたまっていた水素ガスが爆発した．1号機は3月12日に，3号機は14日に水素爆発によって建屋は骨組みだけになった．2号機は15日に圧力抑制室で水素爆発があり，格納容器が破損した．そのため，大量の放射性核種が大気中に放出され，大気中の放射線レベルが急上昇し，3月15日以降福島県および東京都を含む近県の空気中放射線レベルが急上昇した．

2ヵ月以上たった5月24日になって，東京電力は福島第一原発の地震発生後の原子炉の状態について解析結果を公表した．それによれば，1，2，3号機ともに地震による原子炉の緊急停止から数日後に，燃料棒の大半が溶融・落下する「メルトダウン」を起こしていた可能性がある事を明らかにした．すなわち，3月11日午後2時46分の地震発生直後に1〜3号機が緊急停止，同3時37〜41分に津波で全交流電源を喪失した．1号機では同6時頃炉心露出開始，同7時頃炉心破損が開始された．3月12日午前6時頃，炉心が溶融し，下部に落下，圧力容器を損傷，同午後2時半頃格納容器圧力を逃がす「ベント」成功（上述のように失敗したらしい），同3時36分水素爆発，原子炉建屋上部が大破した．2号機では3月14日午後5時頃炉心露出開始，同8時頃炉心損傷開始．3月15日午前6時14分水素爆発で格納容器圧力抑制室が損傷したようであった．3月16日午前4時頃炉心が溶融し，大半が下部に落下し，圧力容器が損傷した．3号機では，3月13日午前7時頃炉心露出開始，同9時頃炉心損傷開始．3月

14日午前9時頃炉心が溶融し，大半が下部に落下，圧力容器損傷，同11時01分水素爆発，原子炉建家上部が大破した．要するに，炉心溶融・落下（メルトダウン）は1号機では3月12日，2号機では3月16日，3号機では3月14日に発生したということである．メルトダウンについては初期から判っていたのに，かなり後になって発表したわけである．

　4号機は定期検査のために運転を停止していた．原子炉から抜き出された燃料棒は使用済み燃料貯蔵プールの中に入れてあった．外部電源と内部電源が失われて貯蔵プールの冷却が出来なくなり，プール内の水が蒸発して燃料がむき出し状態になった．同様に3号機の使用済み核燃料プールの水も蒸発して燃料がむき出し状態になった．その時に水蒸気などと共に燃料もバラバラになって吹き飛ばされた．結局，1～3号機の燃料棒と3,4号機の使用済み燃料貯蔵プール，全部で5つが同時並行的に冷却できない状態になった．

　東電は，急遽ヘリコプターで海水を入れたり，消防車で淡水を注入したりしたが，それらの水が原子炉建屋内の各所から漏れだして，かなりの部分は海に流出している．原子炉建屋への水の注入は当然メルトダウンした燃料棒に接触した後，建屋内あるいは地下施設内に流れ込んだと考えられるので，その中には核反応で出来た種々の放射性核種が含まれていたと考えられる．これらの放射性核種を含んだ水が海に流出し，また人為的に流出させられたわけである．

　このようにして，大量の放射性物質は大気と海に放出され，土壌，植物，人を含む陸棲動物，陸水と底質および海水，海の底質，海棲生物を汚染したわけである．

　東電・政府は初期の段階で，福島第一原発大事故のレベルを最初にレベル4と発表し，次には，スリーマイル島事故と同じレベル5とし，最後にチェルノブイリ事故と同様のレベル7に訂正した．事故を小さく見せようとしていたとしか考えられない．

2-2　住民の避難

　この事故でとられた緊急対策のうち，住民避難については初めからおかしかった．当初は第一原発から3km圏内は避難，10km圏内は屋内退避であっ

た．それが次には10km圏内も退避となり，さらに20km圏内に変わり，20〜30kmも屋内退避となった．そして，3月末には30km圏内の屋内退避についても，「積極的な自主的な避難を求める」ことになった．「積極的な自主的避難」というのは行政としては無責任で，避難する必要があると判断するならば避難させなければいけないことは自明のことである．また避難の根拠も示されなかった（野口，2011a, p.192～193）．次には30km圏外の飯舘村村民まで避難することになった．なお，原子力安全委員会（1980, p.14）には原子力発電所事故の場合，「防災対策を重点的に充実すべき地域の範囲」（EPZ：Emergency Planning Zone）を約8～10kmにしていたが，福島第一原発大事故に際して，政府は待避地域を3km→10km→20km→30km→30km以上と順次拡大していった．これも事故の程度を低く見ていたか，低く見せたいと思っていた結果であろう．そもそも「約8～10km」が机上の空論であったわけである．

2-3 放射性核種の除染

6月20日現在，放水などによって発生した膨大な量の高濃度汚染水からの除染の試験をしている．装置はフランスと米国から購入したものとのことである．しかし，故障続きでいつ本格的に除染が可能であるか不透明であるようだ．原発は絶対安全であると信じていたので，事故があった場合の除染の対策を全くとっていなかったことは当然であるかもしれない．

まして，汚染された土壌の復元や農作物等の汚染濃度の削減の対策の必要性などは，最初から頭になかったのであろう．

これらの点においても，「安全神話」の害毒は原発推進派の人々を深く犯していたと考えられる．

3. 大気中に放出された放射性核種

6月6日に経済産業省原子力保安院は，3月11日から16日までに1～3号機から空気中に放出されたヨウ素-131とセシウム-137の量をヨウ素-131で換

算したところ約77万テラ（兆）ベクレルとなったと公表した．現在（2011.6.23）まで，具体的な各核種の種類と量についての公表は全くない．

チェルノブイリ原発事故の際の放射性核種とその放出量については，種々の値が公表されている（UNSCEAR, 2000, p.519）．表1は「チェルノブイリ原発事故で放出された主な放射性核種の改定見積量」である．最も放出量が多いのはキセノン-133の6500 PBqであり，次に多いのはヨウ素-131の1760 PBq以下とテルル-132の1150 PBq以下である．セシウム-134は47 PBq以下，セシウム-137は85 PBq以下である．ストロンチウム-90は10 PBq以下，プルトニウムはこれらよりかなり少なくなっている（浅見注：1 PBqは1千兆（10^{15}）Bq）．

福島第一原発大事故のあと大気中の放射性核種濃度を測定したデータがインターネットで公開されている．群馬県高崎市に設置されているCTBT放射性核種探知観測所では大気中の放射性核種の濃度を測定していた．この研究所はもともと包括的核実験禁止条約（CTBT）の検証制度である国際監視制度の監視施設として，高崎に設置されている観測所が包括的核実験防止条約機構の本部へ報告する目的で収集している放射性核種のデータをまとめたものである（http://beltix.blogspot.com/2011/04/blog-post_28.html）．「高崎に設置されたCTBT放射性核種探知観測所における放射性核種探知情報（5月30日時点）」には3月12日以降のデータが掲載されている．高崎観測所では，大気を24時間かけて特殊なフィルターに通過させて捕集し，その後，当該フィルターを，24時間放置して自然放射性核種を減衰させた後に，検出器で24時間かけて放射性核種の種類と濃度を割り出すためにガンマー線のエネルギー分布を測定している．したがって，ガンマー線を放出する核種しか検出できない．ベーター線を出すストロンチウム-90やアルファー線を出すプルトニウムなどの定量値はない．

それによれば3月15日15時55分〜3月16日15時55分に観測された濃度（mBq/m^3）が最も高いようである．ヨウ素-131が14680，ヨウ素-132が11157，セシウム-134が6921，セシウム-136が858，セシウム-137が5645となっていた．その他，バリウム-140（313），ランタン-140（1770），テル

表1 チェルノブイリ原発事故の過程で放出された主な放射性核種の改定推定値

	物理学的半減期	放出量（PBq）
不活性ガス		
クリプトン-85	10.72 年	33
キセノン-133	5.25 日	6500
揮発性元素		
テルル-129m	33.6 日	240
テルル-132	3.26 日	～1150
ヨウ素-131	8.04 日	～1760
ヨウ素-133	20.8 時間	910
セシウム-134	2.06 年	～47
セシウム-136	13.1 日	36
セシウム-137	30.0 年	～85
中程度の揮発性元素		
ストロンチウム-89	50.5 日	～115
ストロンチウム-90	29.12 年	～10
ルテニウム-103	39.3 日	＞168
ルテニウム-106	368 日	＞73
バリウム-140	12.7 日	240
非常に危険な元素（Refractory elements）（核燃料粒子を含む）		
ジルコニウム-95	64.0 日	84
モリブデン-99	2.75 日	＞72
セリウム-141	32.5 日	84
セリウム-144	284 日	～50
ネプツニウム-239	2.35 日	400
プルトニウム-238	87.74 年	0.015
プルトニウム-239	24065 年	0.013
プルトニウム-240	6537 年	0.018
プルトニウム-241	14.4 年	～2.6
プルトニウム-242	376000 年	0.00004
キュリウム-242	18.1 年	～0.4

IAEA（2006）p.19

浅見注）PBq：ペタベクレル，1PBq ＝ 1千兆（10^{15}）Bq

-129(2127)，テルル-129m(22589) テルル-132(27094) などであり，その他，3月17日にはテクネチウム-99mが130検出されていた．これらのガンマー線を出す放射性核種が福島第一原発大事故によって放出されたわけである．3月15日〜3月16日を第一のピークとし，3月20日〜21日を第2番目のピーク，3月29日〜30日を3番目のピークとして，それ以降も放射能濃度に時折ピークが検知されている．その説明として，2番目以降のピークは，風向き，降雨等の気象条件の変化が影響しているものと考えられると述べられている．

これらの他，東電などによって，プルトニウムが福島第一原発敷地内で検出されたと公表されている．また，5月8日に政府・東電の統合対策本部合同記者会見で原子力安全委員会が発表したように，ストロンチウム-89とストロンチウム-90は分析した11ヵ所全てで検出され，最も高かったのは福島第一原発から北西24kmの浪江町内で5月6日に採取した土壌にストロンチウム-89が1500Bq/kg，ストロンチウム-90が250Bq/kgであり，また，北西62kmの福島市内で4月27日に採取した土壌からストロンチウム-89が54Bq/kg，ストロンチウム-90が7.7Bq/kg検出されたという．浪江町で定量されたセシウム-137の濃度は，14854Bq/kgDWであるので，土壌採取の深さが同じであるならば，ストロンチウム-90の濃度250Bq/kgはセシウム-137の1.7%である．また，土壌採取の深さが5cmであるならば，3分の1の0.6%である．ストロンチウム-90は大気中への放出量よりも海水中への放出量のほうが多いようである．

いずれにせよ，データは小出しにではなく，放出された放射性核種とその量の全体について早急に公表すべきである．

4. 食品・放射性核種の基礎知識

4-1 食品の暫定規制値

食品衛生法の規定に基づく食品中の放射性物質に関する暫定規制値を表2に示した．この表は，原子力安全委員会(1980, p.23〜24)(最終改定2010年8月)にある「表3 飲食物摂取制限に関する指標」にヨウ素-131について魚介

表2 食品中の放射性物質に関する暫定規制値

核　種	食品衛生法（昭和22年法律第233号）の規定に基づく食品中の放射性物質に関する暫定規制値（Bq/kg）	
放射性ヨウ素 （混合核種の代表核種：^{131}I）	飲料水 牛乳・乳製品(注)	300
	野菜類（根菜，芋類を除く） 魚介類	2000
放射性セシウム	飲料水 牛乳・乳製品	200
	野菜類 穀類 肉・卵・魚・その他	500
ウラン	乳幼児用食品 飲料水 牛乳・乳製品	20
	野菜類 穀類 肉・卵・魚・その他	100
プルトニウムおよび超ウラン元素のアルファ核種 (^{238}Pu, ^{239}Pu, ^{240}Pu, ^{242}Pu, ^{241}Am, ^{242}Cm, ^{243}Cm, ^{244}Cm 放射能濃度の合計）	乳幼児用食品 飲料水 牛乳・乳製品	1
	野菜類 穀類 肉・卵・魚・その他	10

原注）100 Bq/kg を超えるものは，乳児用製粉乳および直接飲用に供する乳に使用しないよう指導すること．
浅見注）Pu：プルトニウム，Am：アメリシウム，Cm：キュリウム

類 2000 Bq/kg を付け加えたものである．この「暫定規制値」は「安全基準値」ではなく，原発事故のような緊急事態にはある程度の放射性物質の摂取はやむを得ないという「がまん基準値」である．放射性物質は被曝量が多ければ健康影響がでる可能性があり，なるべく摂取量を減らす事が必要であることは言う

までもない．

「放射性セシウム」とはセシウム-134 とセシウム-137 の合量のことである．これらはいずれも可食部の現物 1 kg 当たりの Bq で表示されていると考えられる．すなわち，野菜や魚介類などでは生重（FW）当たり，穀類では風乾重（ADW）当たりであろう．このように単位を明示しないものが多いことは困ったことである．

なお，これらの値の正当性については，今後十分検討する必要があると考えている．原子力安全委員会（1980, p.108～109）に「飲食物摂取制限に関する指標について」があり，「飲食物摂取制限に関する指標」算出についての考え方を述べている．それによれば，① 放射性ヨウ素については，50 mSv／年の2/3 を基礎とし，② 放射性セシウムについては，実効線量 5 mSv／年を基礎とし，③ ウラン元素については，実効線量 5 mSv／年を基礎とし，④ プルトニウムおよび超ウラン元素のアルファー核種については，実効線量 5 mSv／年を基礎としているとのことである．通常時の一般人の放射線限度量は 1 mSv／年であるので，なぜ 5 mSv／年なのか，食物が複数の核種によって汚染されている際の問題点等，種々問題を含んでいると考えられる．さらに人は，カドミウムやダイオキシンその他の有害物質を摂取・吸入しているわけであるが，それらを含めた総合的な安全基準の設定が必要であろう．

なお，チェルノブイリ原発事故に関連して，ロシア連邦は放射性核種についての食品中の暫定許容レベルを決めている（表 20, p.90）．放射性セシウム（セシウム-134 とセシウム-137 の合量）とストロンチウム-90 について，日本より厳しい基準値が採用されている．幼児食品については，さらに厳しくなっている．日本でも幼児食品の暫定規制値を厳しく決めると共に，骨に蓄積して長期間にわたって体内に残留するストロンチウム-90 についても早急に暫定基準値を決めるべきである．

4-2 日本人の食品種類別摂取量

日本人が摂取する各種食品のうち，放射性核種を同量含んでいても，米とお茶では意味が違う．表 3 は，少し古いデータであるが全国の一人 1 日当たりの

各種食品摂取量である（厚生省保険医療局監修，1998, p.73）．古いデータを紹介する理由は，最近のデータでは，米類が調理された状態の摂取量（米・加工品として462.0g）になっている．一般に放射性核種による汚染データは白米について風乾物当たりで表示してある．したがって，白米で摂取量を表示してある少し古い値を引用した．穀類は米類，小麦類および種実類の合量である．少数以下2桁の四捨五入のために，「穀類」の方が3者の合量より0.4g多くなっている．

　食品は現物当たり，すなわち米等では風乾重当たり，野菜などは新鮮重当たりで表示してある．調味嗜好飲料や乳類には水が大量に含まれているので，固形物は少ないと考えられる．また，米類と海草類では同じ汚染濃度であっても放射性核種の摂取量はかなり違うはずである．お茶は調味嗜好飲料の中に分類されている．お茶は1日に数g使うだけであり，さらに，茶葉からの放射性核種の浸出量は全放射性セシウム量の一部であろう．

表3　食品群別摂取量
（1日1人当たりg）

食品群別	摂取量
総量	1417.5
動物性食品	352.2
植物性食品	1065.3
穀類	262.9
米類	166.5
小麦類	93.9
種実類	2.1
いも類	67.8
砂糖類	9.7
菓子類	24.5
油脂類	16.9
豆類	72.3
果実類	118.6
緑黄色野菜	98.9
その他の野菜	186.8
きのこ類	12.7
海草類	5.5
調味嗜好飲料	182.4
魚介類	97.0
肉類	77.9
卵類	42.1
乳類	133.9
その他の食品	5.5

厚生省保健医療局監修：平成10年版国民栄養の現状，第一出版，p.73

4-3　放射性の感受性—影響の受けやすさ

　人体を構成するそれぞれの臓器・組織の放射性感受性は異なっている．その理由は，それぞれの臓器・組織に含まれる細胞の分裂頻度が大きく異なるからである．細胞分裂の頻度の高い細胞ほど放射性感受性が高いことが判っている．このことは次のようにまとめることができる．

①細胞分裂の頻度の高い細胞ほど，放射線感受性が高い．
②将来行うであろう細胞分裂の数の多い細胞ほど，放射線感受性が高い．
③形態および機能の未分化の細胞ほど，放射線感受性が高い．
臓器・組織および器官で放射線感受性は次のように4つのグループに分かれる．
　①非常に高い：リンパ組織，造血組織（骨髄，胸腺，脾臓），生殖腺（卵巣，精巣），粘膜
　②比較的高い：唾液腺，毛のう，汗腺，皮脂腺，皮膚
　③中程度：漿膜，肺，腎臓，副腎，肝臓，膵臓，甲状腺
　④低い：筋肉，結合組織，脂肪組織，軟骨，骨，神経組織，神経線維
　胎児は放射線被曝の影響を受けやすいとしばしばいわれているが，その理由は，胎児は細胞分裂がきわめて活発であり，また未分化の臓器・組織の細胞が多数存在するからである（野口，2011a, p.74〜101）．乳幼児も放射線感受性が大人より高いと考えられる．

4-4　放射線量の換算

　東日本大地震の後，放射線量の単位としてのベクレル（Bq）とシーベルト（Sv）が新聞紙上などに氾濫している．1 Bq は，放射性原子が1秒間に1個の割合で別の種類の原子にかわりつつある場合の放射能の強さである．通常，1 kg当たりのBqで表示されることが多い．以前はキュリー（Ci）という単位が使われていた．1 Ciは約370億Bq（3.7×10^{10} Bq）である．一方，Svは人が放射線を浴びたときに，どれくらいの被害を受けるかを表わす単位である．この単位で現せば，アルファー線でもベーター線でもガンマー線でも「1 Sv浴びた」と言えば放射線の種類に関係なく同程度の被害を受けると考えることが出来る．
　表4Aにヨウ素-131，セシウム-137およびセシウム-134の経口摂取の場合の，表4Bに吸入摂取の場合のマイクロシーベルト（µSv）とベクレルの関係を示した．経口摂取とは口から食物を摂取する場合，吸入摂取は呼吸によって体内に取り込む場合である．
　表4から明らかなように乳幼児の場合には成人よりかなり厳しい値の場合

が多い．特に吸入摂取の場合，ヨウ素-131 では乳幼児が成人の約 10 倍，子どもが 5 倍であり，セシウム-137 では乳幼児が成人の約 3 倍，子どもが約 2 倍，セシウム-134 では乳児が成人の約 4 倍，幼児が約 3 倍，子どもが約 2 倍になっている．

経口摂取の場合の実効線量係数がセシウム-137 とセシウム-134 で成人と幼児・子どもで差が少ないのは，幼児と子どもの食品摂取量が成人に比べて少ないからであろう．この場合でも乳児の値は成人より高くなっている．

それぞれの放射線による曝露量は各表の下にある計算法によって求めることができる．

表4 ヨウ素-131，セシウム-137 およびセシウム-134 の
マイクロシーベルトとベクレルとの関係

A. 経口摂取の実効線量係数（マイクロシーベルト／ベクレル）

	ヨウ素-131	セシウム-137	セシウム-134
乳児（3カ月）	0.18	0.020	0.026
幼児（1歳）	0.18	0.012	0.016
子供（2～7歳）	0.10	0.0096	0.013
成人	0.022	0.013	0.019

受ける放射線量（マイクロシーベルト）
＝実効線量係数（上の表の値）×放射能濃度（ベクレル／kg）×飲食した量（kg）

B. 吸入摂取の実効線量係数（マイクロシーベルト／ベクレル）

	ヨウ素-131	セシウム-137	セシウム-134
乳児（3カ月）	0.072	0.11	0.070
幼児（1歳）	0.072	0.10	0.063
子供（2～7歳）	0.037	0.070	0.041
成人	0.0074	0.039	0.020

受ける放射線量（マイクロシーベルト）＝実効線量係数（上の表の値）
×放射能濃度（ベクレル／m^3）×呼吸率（ここでは 1 日当たり 22.2m^3）×日数

放射線医学研究所のホームページより

浅見注）子どもの呼吸率とは，1 日当たり乳児（3カ月）2.86m^3，幼児（1才）5.16m^3，子ども（5才）8.72m^3，子ども（10才）15.3m^3，子ども（15才）20.1m^3 という数値が国際放射線防護委員会から示されている．

なお，高さ1mの空気中の放射線の線量率を測定しているのをテレビなどで見かけるが，そこで測定されているのは，おそらく大人に対する線量率であろう．乳幼児の場合に換算した表示をしている国や地方自治体はあるのであろうか．最近，地方自治体や住民グループによって空気中の放射線量率の測定がかなり行われている．福島第一原発の原子炉建屋等が爆発した当時は，ヨウ素-131やセシウム-134・セシウム-137が落ちてきて空気中の放射線量率を高めたと考えられるが，ヨウ素-131の物理学的半減期は約8日であるので，爆発から100日以上経過している現時点ではヨウ素-131はすでにほとんど消滅していると考えられる．セシウム-134とセシウム-137は物理学的半減期が長いので，地上に落下してガンマー線を出し続けている．現在測定されているのは，地表からのガンマー線と地表から舞い上がる土壌粉塵中のセシウム-134とセシウム-137によると考えられる．著者が住んでいる我孫子市も放射線量率が高いので6月14日と15日に市内44ヵ所の幼稚園・保育園および公園等で市による測定が行われた．測定値の平均値（最小値～最大値）は地上100cmでは0.27（0.12～0.54）μSv/時間，50cmでは0.29（0.12～0.61）μSv/時間，5cmでは0.33（0.10～0.80）μSv/時間であった．それらの比率は1：1.07：1.22であり，やはり地上5cmの値が100cmの値よりかなり高かった．

4-5　放射性核種の半減期

半減期には，物理学的半減期とは別に生物学的半減期と実効半減期がある．体に入ったある元素が，生物学的な排泄作用のみによって半分に減る時間は，「生物学的半減期」といわれ，放射線を出して別の原子に変わって半減する時間を「物理学的半減期」と言う．体に入った放射性核種はこの両方の作用で減って行くわけである．表5に主な放射性核種の物理学的半減期，および人体に取り込まれた際の生物学的半減期，実効半減期を示した（野口，2011b）．ヨウ素-131は生物学的半減期が長いために，物理学的半減期と実効半減期がほぼ等しい．セシウム-137では，生物学的半減期が短いので，実効半減期は短い．今後発表されると考えられるストロンチウム-90は骨に蓄積されるために生物学的半減期が長く，実効半減期も18.2年と長い．福島第一原発からの放出が

表5 放射性核種の物理学的半減期，生物学的半減期および実効半減期の実例

核　種	記号	問題となる臓器・組織	物理学的半減期	生物学的半減期	実効半減期
コバルト60	^{60}Co	全身	5.271年	9.5日	9.5日
ストロンチウム89	^{89}Sr	骨	50.53日	1.8×10^4日	50.4日
ストロンチウム90	^{90}Sr	骨	28.74年	1.8×10^4日	18.2年
ヨウ素131	^{131}I	甲状腺	8.021日	138日	7.6日
セシウム137	^{137}Cs	全身	30.04年	70日	70日
バリウム140	^{140}Ba	骨	12.75日	65日	10.7日
ラジウム226	^{226}Ra	骨	1600年	1.64×10^4日	43.7年
ウラン238	^{238}U	腎臓	44億6800万年	15日	15日
プルトニウム239	^{239}Pu	骨	2万4110年	7.3×10^4日	198年

原注）人体内に取り込まれた放射性核種は程度の差はあれ減少するが，その速さは次の三つで決まる．
(1) 物理学的半減期：放射線壊変により減衰する速さ
(2) 生物学的半減期：排泄作用により、主として大小便として排泄される速さ
(3) 実効半減期：人体に取り込まれた放射性核種は(1)と(2)の両方を合わせた速さで減少する．

野口（2011b）

報告されているプルトニウム-239も骨に蓄積され，物理学的半減期も長いこともあり，実効半減期は198年と極めて長く，ひとたび人体に入った場合死ぬまでに半分にもならない．

これ以外にも，水田や畑作土における半減期もある．作土中の放射性核種は，作土からの溶脱，流亡および作物等による吸収によって減少する．水田作土中半減期はセシウム-137が9～24年，ストロンチウム-90が6～13年，畑作土中半減期はセシウム-137が8～26年，ストロンチウム-90が6～15年である（駒村ら，2006）．後述のようにセシウム-137は一部の粘土鉱物によって固定されるために，ストロンチウム-90より作土中半減期が長い．

4-6 自然放射能

時々，「この程度の放射線量は自然放射線量よりも少ない」という発言を見かけることがある．われわれはもともと宇宙線や土壌，建物，食品などに由来

する放射線を浴びている．ウラン，トリウムおよび放射性カリウム（K-40）が主な自然の放射性核種である．花崗岩にはこれらの元素を多く含んでいるので，花崗岩を母岩とする土壌地帯で自然放射線量は高い．他方，火山灰土壌地帯では低くなっている．放射線医学総合研究所のホームページには世界平均の一人あたりの自然放射線量は 2.4 mSv／年であり，日本はこれより低く 1.5 mSv／年と書かれている．また東北電力のホームページによれば宇宙，大地，からの放射線と食物摂取によって受ける放射線量（ラドンなどの吸入によるものを除く）は 0.99 mSv／年となっている．東北電力のホームページには日本列島の地図があり，各県別に放射線量が書かれている．火山灰土壌の多い北海道，東北地方，関東地方，九州地方の西側は放射線量が低いようである．最低は神奈川県の 0.81 mSv／年，著者の住む千葉県は 0.85 mSv／年であり，東京都は 0.91 mSv／年である．その他の道県では，北海道（0.89，0.91，0.98），青森県（0.86），岩手県（0.91），秋田県（0.99），山形県（0.85），群馬県（0.92），埼玉県（0,90），山梨県（0.90），静岡県（0.98），徳島県（0.99），熊本県（0.98），鹿児島県（0.98）が 1.00mSv／年以下である．最も高い県は岐阜県（1.19）であり，福井県（1.17），滋賀県（1.16），香川県（1.18），愛媛県（1.13），高知県（1.10），福岡県（1.10）などが高かった．その他の府県は 1.00〜1.09mSv／年である．

　作物もカリウムを必要とするため土壌中のカリウム-40 を吸収している．

　さて，冒頭の発言であるが，われわれは否応なしに自然放射線を浴びている．これに人工的な放射線量―今回の場合福島第一原発大事故に伴う放射線量―を浴びるわけであり，自然放射線量に人工的放射線量が上乗せされるわけである．人工的放射線量が自然放射線量より低いので，たいした事はないという人には，自然放射線量を除去していただきたい．その上で両者の比較が初めて可能なわけであるからである．

5. 放出された放射性セシウムによる土壌汚染

　福島第一原発大事故による放射性核種と放出量については，現在（2011. 6. 17）まだ発表されていない．しかも，放射性核種は現在でも引き続いて放出

されている．また，今後，どのような突発事件が起こるか不明である．

先に紹介した表1 (p.8) によれば，チェルノブイリ事故によって放出されたヨウ素-131 は 1760 ペタベクレル，キセノン-133 が 6500 ペタベクレル，セシウム-137 は 85 ペタベクレルである．ペタとは千兆 (10^{15}) 倍を表し，単位の接頭語である．福島第一原発大事故による各放射性核種の放出量についても可及的速やかに公表すべきである．

さて，水田および畑作土中放射性セシウム濃度（セシウム-134 とセシウム-137 の合量）が各県のホームページで発表されている．

5-1 福島県の土壌汚染

福島県の土壌調査結果は，2011 年 4 月 6 日，4 月 12 日，4 月 22 日の 3 回発表されている．これらとは別に，「国の協力を得て行った農用地土壌中の放射性物質の調査結果について」が 4 月 8 日に発表されている．この表には，試料採取日を 3 月 29 日および 4 月 1 日としている．したがって，試料採取は 3 月末から 4 月中旬に採取されてものと考えられる．積雪によって調査できなかった三島町，金山町，昭和村の水田土壌各 1 点の放射性セシウム濃度が 5 月 10 日に発表された．なお，数値はセシウム-134 とセシウム-137，および両者の合量について Bq/kgDW（DW は乾物重当たり）として表示されている．

試料の採取は，作土に相当する 15 cm までの土壌を採取した．セシウム-134 とセシウム-137 の濃度は，直径 8 cm 深さ 2 cm の容器に生土を詰め，高純度ゲルマニウム検出器でガンマー線を測定して求めたとのことである．土壌は多少ともストロンチウム-90 によっても汚染されていると考えられるが，測定に時間がかかるとして，今のところ発表されていない．

図 1 に福島第一原発事故により放出された放射性セシウムによる福島県内の市町村の土壌汚染について示した．三島町など 3 町村の土壌汚染についての 5 月 10 日の発表以前には，50 市町村の土壌中放射性セシウム濃度が発表された．試料総数は 160 点，うち 5 点はビニールハウス土壌であった．福島第一原発から半径 20 km 以内は土壌汚染の調査をしていなかった．図 1 には，各市町村について，複数の定量値があるものは平均値と最大値を，1 点しか定量値が

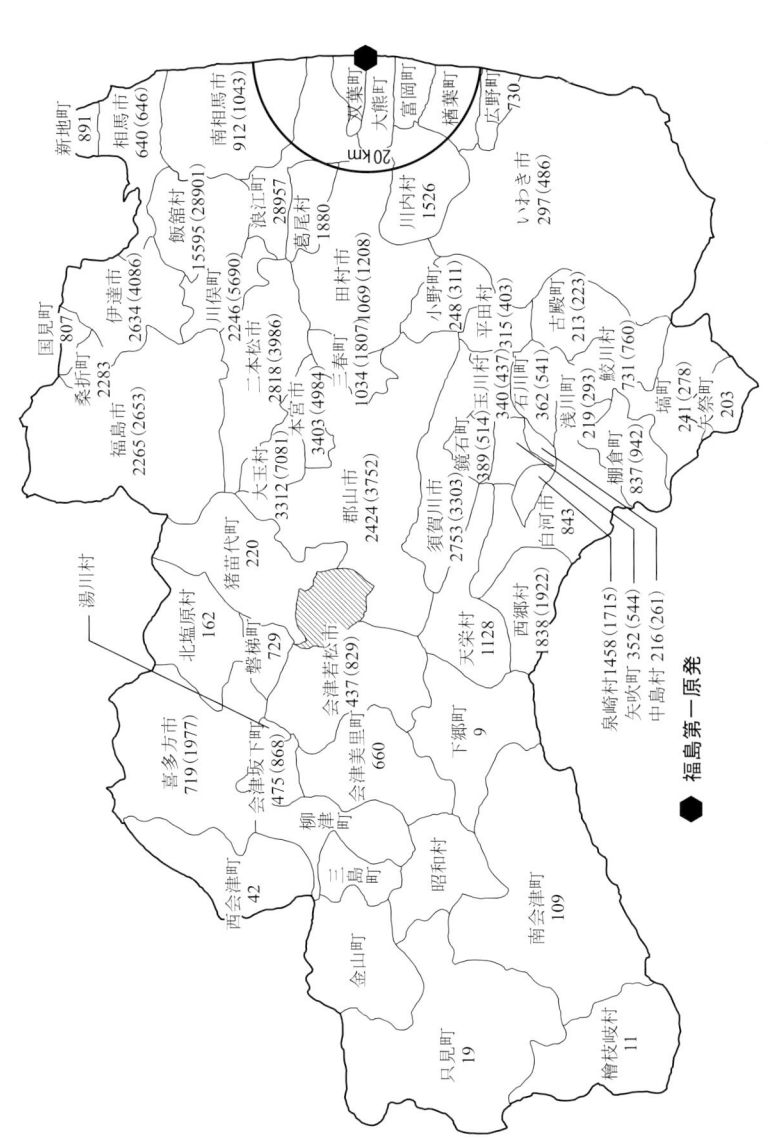

I 福島第一原発大事故の経緯と放射性核種の排出   19

図1 福島第一原発大事故により放出された放射性セシウムによる福島県内の市町村別土壌汚染 (Bq/kgDW) 以下、放射性セシウムとはセシウム-134＋セシウム-137のこと
各市町村の平均値（最大値）、浪江町は20km圏外の南津島で採取   (著者作図)

ない場合にはその値を示した．水田も湛水されていない時期なので，水田土壌と畑土壌についてまとめて平均値を求めた．ビニールハウス土壌の放射性セシウム濃度は平均値に含ませなかった．図1から明らかなように，福島第一原発の北北西から西の方向にある市町村の土壌中放射性セシウム濃度が高いようである．しかし，郡山市や須賀川市よりも原発に近い三春町，田村市，川内村，小野町の濃度が低かったが，後述の文部科学省などの航空機による土壌汚染調査でも，同様の傾向が認められた．また，会津地方は濃度が低いようである．

最大濃度は浪江町の28965 Bq/kgDWであり，この地点は浪江町南津島であって川俣町との境界に近かった．原発の南方向の土壌汚染は比較的少なかった．しかし，後に述べるように事故前，2000年頃の土壌中セシウム-137濃度は10 Bq/kgDW程度であり，セシウム-134とセシウム-137の濃度が同程度として，以前の濃度を20 Bq/kgDWと仮定しても，いわき市の濃度は平均でその15倍，最大で24倍であり，軽微な汚染というものではない．最大値である浪江町の28957 Bq/kgDWは1448倍，飯舘町の平均15595 Bq/kgDWは780倍，最大値である28901 Bq/kgDWは1445倍である．20 km圏内ではこれより高濃度地点があると推測される．平均値で2000 Bq/kgDW以上ある市町村は，桑折町，福島市，伊達市，川俣町，二本松市，大玉村，本宮市，郡山市，須賀川市などであった．5月10日発表のうち，南会津町の北側の昭和村の濃度は628 Bq/kgDW，只見町の北側の金山町の濃度は176 Bq/kgDW，金山町の東側の三島町の濃度は361 Bq/kgDWであった．

なお，ビニールハウス土壌が5点あった．飯舘村のビニールハウス土壌3点の濃度の平均値（最小値～最大値）は60 (16～124) Bq/kgDWであり露地の値の平均値で0.4%であった．また，泉崎村のビニールハウス土壌（1点）中濃度はND（検出限界以下）であり，中島村のビニールハウス土壌（1点）中濃度は38 Bq/kgDWであって，露地土壌の18%であった．このように，ビニールハウス土壌の汚染の程度は低いようである．

政府は，5000 Bq/kgDW以上の水田の作付禁止を決めた．その面積は約1万haとのことである．カドミウム，銅，ヒ素による汚染によって農用地土壌汚染対策地域に指定されている面積が2007年度末で6577 haであるので，この

1万haがいかに大面積であるか理解できよう．

　なお，文部科学省が，福島第一原発の西北西約4km地点の双葉町山田から4月2日に採取した土壌に38万Bq/kgのセシウム-137を検出したという．試料採取の深さが不明であり，乾土1kg当たりか，生土1kg当たりかも不明であるが，上記データと比較可能であるとすれば，先に述べた最大値である浪江町（28957 Bq/kgDW）の約13倍であり，福島第一原発大事故前の10 Bq/kgDWの実に38000倍であり，驚くべき高濃度である．なお，同じ場所の土壌からヨウ素-131も99万Bq/kg検出されたとのことであった．なぜ，たった1点しか分析しなかったのか，多数分析したうちの1点だけ公表したのかは不明であるが，20 km圏内には各種の放射性核種による超高濃度汚染土壌が存在すると考えられる．

　その後，6月29日に福島県の畑土壌中放射性セシウム濃度が発表された．試料数は121点であった．そこで，図1で示した値を水田土壌と畑土壌に分け，今回の値と共に市町村別に示した（表6）．いずれの場合もビニールハウス土壌の値は除いて計算してある．試料数が少ないので前回と今回の値を比較することは困難であるが，畑土壌では前回より今回の方が値が大きい場合と，逆の場合とがあった．前回，下郷村の水田土壌の値9 Bq/kgDWは低すぎると先に述べたが，今回の畑土壌の値はNDと247 Bq/kgDWであり，やはり濃度が高い場所があることが判った．とくに大幅に増えたのはいわき市で，前回の畑土壌235（162〜307）Bq/kgDWが1551（205〜6920）Bq/kgDWと，平均値で7倍，最大値で23倍になっていた．これらの値からみても，もっときめの細かい測定を行わなければ，各市町村における土壌中放射性セシウム濃度の分布は判らないということであろう．

　なお，今のところ土壌中ストロンチウム-90の値は，文部科学省が3月16,17日に福島第一原発の北西約30 kmの位置で採取した3試料の値しか公表されていない．それらは13,81,260 Bq/kgとのことである．ストロンチウム-90は体内に入ると骨に蓄積し，なかなか排泄されないので十分注意すべき放射性物質である．海水中にもストロンチウム-90が72兆Bq放出されたとの報道（赤旗，2011.5.30）もあり，骨ごと食べられる小形の魚類について心配

表6 福島県農用地土壌中の放射性セシウム濃度 (Bq/kgDW)

管轄農林事務所	市町村	2011年 4～5月発表 水田土壌 n	平均値(最小値～最大値)	畑土壌 n	平均値(最小値～最大値)	6月29日発表 畑土壌 n	平均値(最小値～最大値)
県北	福島市	1	2653	2	2071 (1896～2245)	7	2478 (1242～4517)
	川俣町	5	1821 (1237～2573)	2	4176 (2661～5690)	1	1745
	伊達市	8	2634 (1331～4086)			7	3010 (2014～6142)
	桑折町	1	2283			2	3025 (2801～3249)
	国見町	1	807			2	1763 (1204～2322)
	二本松市	9	2571 (897～4601)	3	3520 (1837～4736)	5	2343 (1756～3966)
	大玉村	7	2644 (1408～3603)	2	5639 (4197～7081)	1	1617
	本宮市	7	3029 (1020～4984)	2	4713 (4613～4813)	1	1636
県中	郡山市	10	2424 (875～3752)			6	847 (95～1922)
	三春町	1	1807	2	648 (606～689)	1	1495
	田村市	1	1032	2	1088 (968～1208)	5	1014 (398～2667)
	小野町	1	221	2	262 (213～311)	1	302
	須賀川市	1	2203	1	3303	5	1129 (212～2104)
	鏡石町	1	514	1	263	1	558
	天栄村	1	1128			2	1398 (1318～1477)
	石川町	1	182	1	541	2	118 (47～188)
	玉川村	1	258	2	381 (324～437)	1	238
	平田村	1	238	2	354 (305～403)	1	403
	浅川町	1	145	1	293	1	242
	古殿町	1	202	1	223	1	400
県南	白河市	1	843			2	508 (359～656)
	西郷村	1	1922	1	1754	2	2179 (2064～2294)
	泉崎村	1	1041	2	1667 (1619～1715)	1	866
	中島村	1	170	1	261		
	矢吹町	2	533 (421～544)	1	92	1	543
	棚倉町	1	731	1	942	1	567
	矢祭町	1	203			1	275
	塙町	1	278	2	223 (186～260)	1	316
	鮫川村	1	760	1	701	1	545

表6 福島県農用地土壌中の放射性セシウム濃度（つづき）

管轄農林事務所	市町村	2011年 4～5月発表 水田土壌 n	平均値（最小値～最大値）	畑土壌 n	平均値（最小値～最大値）	6月29日発表 畑土壌 n	平均値（最小値～最大値）
会津	会津若松市	4	437 (138～829)			4	325 (89～517)
	磐梯町	1	729			2	237 (133～340)
	猪苗代町	1	220			4	269 (16～428)
	喜多方市	4	719 (139～1977)			4	127 (51～225)
	北塩原村	1	162			2	263 (0～526)
	西会津町	1	42			1	125
	会津坂下町	4	579 (250～868)	2	269 (239～298)	2	625 (410～840)
	湯川村					1	1560
	柳津町					1	137
	三島町					1	1004
	金山町					1	138
	昭和村					1	148
	会津美里町	1	660			2	336
南会津	下郷町	1	9			2	124 (0～247)
	只見町	1	19			1	59
	南会津町	1	109			3	54 (0～121)
	檜枝岐村			1	11	1	86
相双	相馬市	2	640 (634～646)			4	1955 (600～5276)
	南相馬市	2	912 (780～1043)			4	1422 (1165～1875)
	新地町	1	891			2	875 (742～1008)
	飯舘村	10	14468 (3384～28901)	5	17850 (9908～25586)		
	浪江町	1	28957				
	葛尾村	1	1880				
	川内村	1	1526				
	広野町	1	730				
いわき	いわき市	2	359 (232～486)	2	235 (162～307)	6	1551 (205～6920)

4～5月発表分（4/6, 4/8, 4/12, 4/22, 5/10）および6月29日発表分についてビニールハウス土壌の値を除いて計算．

福島県ホームページを基に著者作表

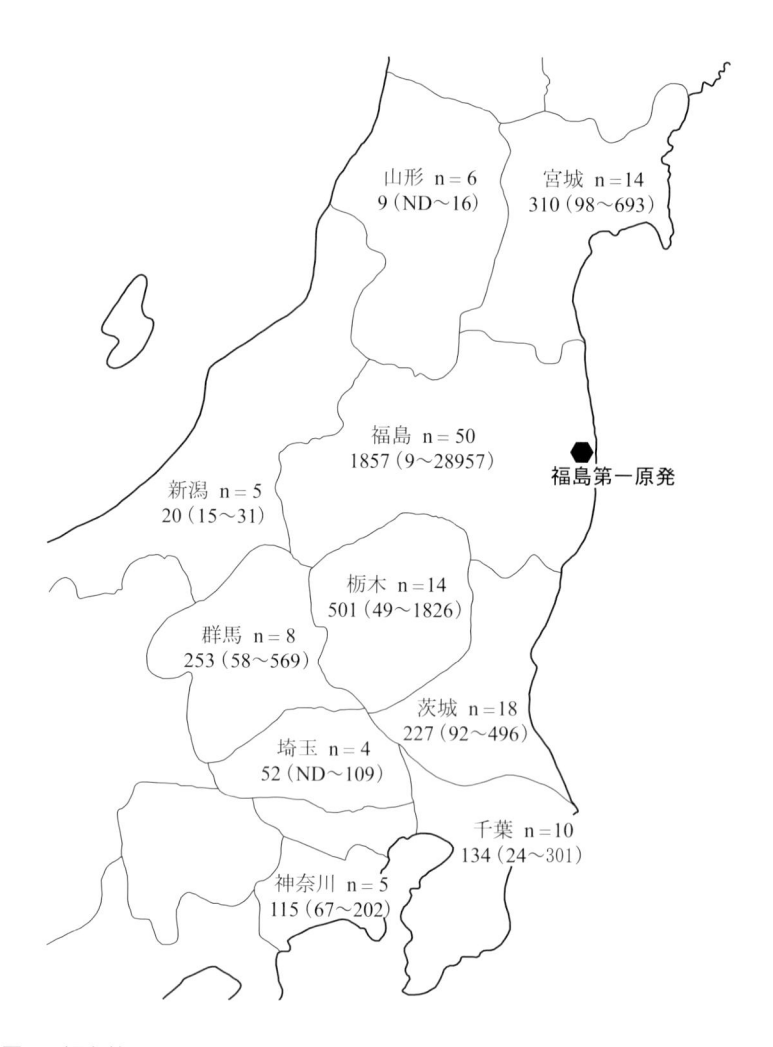

図2 福島第一原発の大事故により放出された放射性セシウムによる土壌汚染
(Bq/kgDW)

福島県は各市町村の平均値（最小値～最大値），その他は分析値の平均値（最小値～最大値）．
原発から20km圏内は分析されていない．試料採取は3月末から4月上旬と思われる．

(著者作図)

されている.

5-2 福島周辺県の土壌汚染

　福島県の近県である，宮城県，山形県，新潟県，群馬県，栃木県，茨城県，埼玉県，千葉県，神奈川県の水田および畑土壌中放射性セシウム濃度が公表されている．各県の試料数，平均値（最小値〜最大値）を図2に示した．福島県のデータは50市町村の各平均値（最小値〜最大値）で示した.

　脊梁山脈の西側に位置する山形県と新潟県の濃度は低かった．新潟県ではセシウム-134は検出されなかったという．先述のようにセシウム-134の物理学的半減期は約2年であり，10年経てば約3%に，20年経てば約0.1%に減少する．作土中の半減期は物理学的半減期より短いことは前述した通りである．大気圏核爆発実験によって放出され，新潟県に落下したセシウム-134はほとんど消滅していると考えられる．したがって，今回セシウム-134汚染がないということは，新潟県の土壌には，福島第一原発大事故に伴う放射性セシウムは到達していない可能性が考えられる．事実，Komamura et al.（2005）によれば，新潟県上越市の1996〜2000年における水田土壌中セシウム-137濃度の平均値（最小値〜最大値）は22.1（20.0〜23.4）Bq/kgDWであった．図2における新潟土壌は全て水田であり，そのセシウム-137濃度の平均値（最小値〜最大値）は19.6（14.5〜30.5）Bq/kgDWであり，両者はほぼ一致している．山形県の報告には，放射性セシウムの合量が示してあるだけであるが，8.6（ND〜16）Bq/kgDWであるので，原発事故によるセシウム汚染はほとんどなかったと考えられる．

　福島県以外の各県で最大値を示した市町村は次のとおりである．

　宮城県では，福島県に近い柴田町（693 Bq/kgDW）が最大値を示し，やはり福島県に近い白石市（684 Bq/kgDW）も高い値を示した．

　茨城県では福島県から最も離れた県南の利根川沿いの龍ヶ崎市（496 Bq/kgDW）が最大値を示し，龍ヶ崎市の東隣の稲敷市（489 Bq/kgDW）もほぼ同様の値であった．

　栃木県では，那須塩原市（1826 Bq/kgDW）が最大値を示し，矢板市（1128

Bq/kgDW），日光市（1037Bq/kgDW）も高い値であった．

群馬県では，下仁田町（569Bq/kgDW）が最も高く，嬬恋村（485Bq/kgDW）が次に高い値を示していた．

千葉県では利根川沿いの成田市（301Bq/kgDW）で最も高く．香取市（262Bq/kgDW）が次に高い値を示した．

埼玉県では秩父市（109Bq/kgDW）が最も高かった．

神奈川県では相模原市（202Bq/kgDW）が最も高かった．

各県の土壌中放射性セシウム濃度の平均値は，原発大事故前の土壌中放射性セシウム濃度の平均値であると想定される20Bq/kgDWに対して，宮城県が16倍，山形県が0.5倍，新潟県が1倍，群馬県が13倍，栃木県が25倍，茨城県が11倍，千葉県が7倍，埼玉県が3倍，神奈川県が6倍であり，山形県と新潟県以外はかなり汚染されていると考えられた．現在でも放射性物質の放出は続いており，今後とも十分注意する必要があると考える．

なかでも，栃木県の汚染度は福島県以外では極端に高かった．

しかし，各県の試料点数が少なすぎるので，継続して多くの土壌についての測定が必要であると考える．

5-3 放射性セシウムの航空機モニタリングによる土壌表面汚染図

2011年5月6日に「文部科学省及び米国エネルギー省航空機による航空機モニタリングの測定結果について」が公表された．それによれば，測定は4月6日〜29日に行われ，福島第一原発から80kmの範囲内の地表面から1mの高さの空間線量率，および地表面に蓄積した放射性物質（セシウム-134，セシウム-137）の蓄積状況を測定した．さらに，6月16日には100km圏内の状況が発表された．一部は130km圏内まで測定されていた．

図3は，100km圏内の放射性セシウム（セシウム-134，セシウム-137の合量）の蓄積量が，300万Bq/m^{2}以上，100万〜300万Bq/m^2，60万〜100万Bq/m^2，30万〜60万Bq/m^2，10万〜30万Bq/m^2，10万Bq/m^{2}以下に区分して色分けして表示してある．図3では，60万Bq/m^{2}以上の汚染地は概算1400km^2（14万ha）程度である．また，セシウム-137だけによる60万

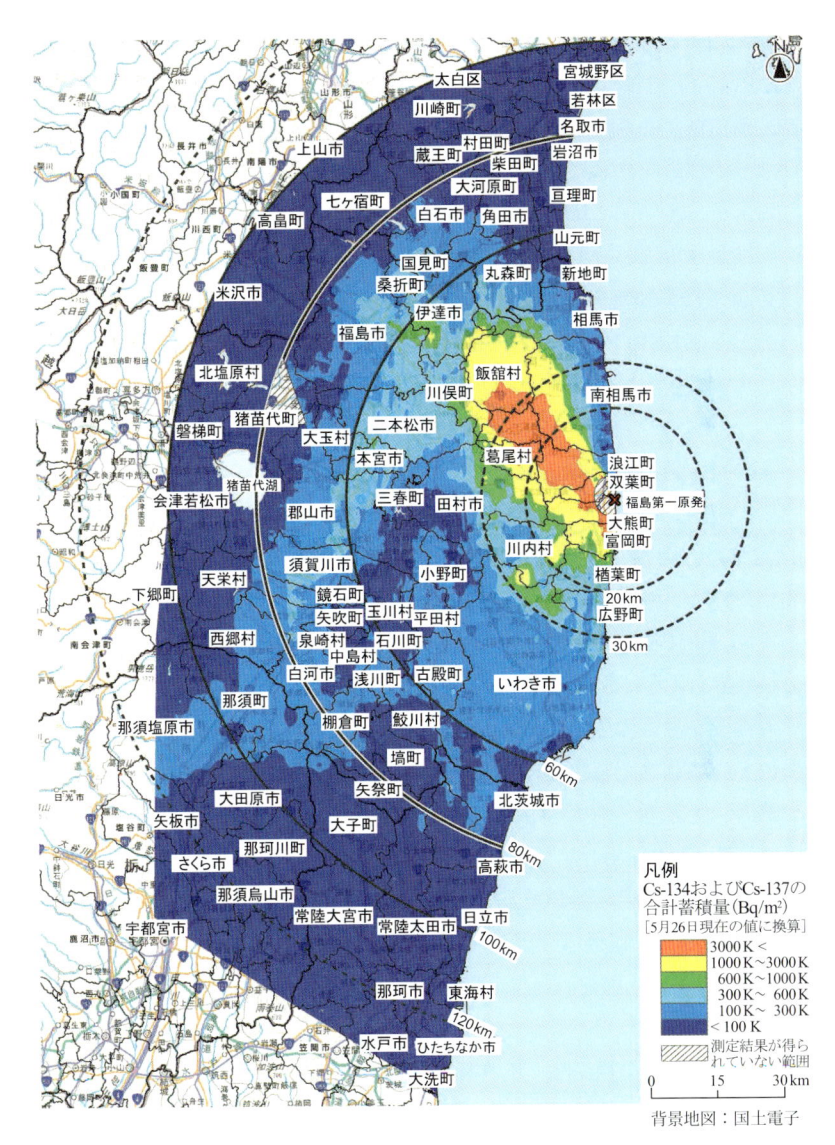

図3 福島第一原発100km圏内のセシウム-134＋セシウム-137の
地表面への蓄積量
文部科学省および米国エネルギー庁による航空機モニタリングの結果

Bq/m² 以上の汚染地は約 1000km²（10 万 ha）程度であると読み取れる．また 10 万～30 万 Bq/m² の汚染地はいわき市全部，福島市の東側半分，宮城県白石市，角田市，丸森町のそれぞれ一部，栃木県の那須町，那須塩原市それぞれのかなりの部分を含み，さらに茨城県北茨城市の一部に及んでいる．

なお，チェルノブイリ原発事故の被災国であるウクライナ，ベラルーシ，ロシアの被災 3 ヵ国の被災者救済法では，セシウム-137 による汚染レベルによって次のように汚染地域が区分されているという（今中哲二，http://www.rri.kyoto-u.ac.jp/NSRG/ Chernobyl/kek07-1.pdf）．

　　　　144 万* Bq/m² 以上：強制避難ゾーン，
　　　　55.5 万～144 万* Bq/m²：移住義務ゾーン，
　　　　17.5 万*～55.5Bq/m²：希望すれば移住が認められるゾーン，
　　　　3.7 万～17.5 万* Bq/m²：放射能管理が必要なゾーンとなっている
（*浅見注：今中論文中の図および本書 p.88 表 18 では 148 万，18.5 万となっておりその方が正しいと考えられる）．

日本の調査では，最小値が 10 万 Bq/m² である．濃度についても，調査範囲についてもさらにきめの細かい調査が必要である．

放射性セシウム濃度 60 万 Bq/m² 以上の土地約 14 万 ha は稲作禁止面積 1 万 ha の 14 倍に当たる．この中には水田，畑，樹園地，牧草地，森林，山林，川，湖沼，住宅地，学校，病院，公園，道路，鉄道線路などが含まれていると考えられる．この除染をどうするかという難問に日本は直面している．さらに，30 万～60 万 Bq/m² の除染をどうするか，さらに 10 万～30 万 Bq/m² の除染をどうするか，それより低濃度汚染地域（3.7 万～10 万 Bq/m²）の処理をどうするかという難問もある．

5-4　筑波大学作成の福島県，茨城県およびその近隣の放射性核種による土壌表面汚染図

筑波大学アイソトープ総合センターの末木啓介准教授らは 3 月末に茨城県と千葉県，4 月中旬に福島県，5 月初旬に栃木県と埼玉県で土壌を表面から深さ 5cm までを採取をした．測定には，高純度ゲルマニウム検出器を用いた．し

たがって，ガンマー線を出す放射性核種，テルル-129m（半減期 33.6 日），ヨウ素-131（半減期 8.02 日），セシウム-134 およびセシウム-137 の測定を行い，2011 年 3 月 29 日の放射線量として表示した．

汚染図は，Sueki, K. et al.：Contour Maps of Radioactivity Concentrations in Soil Samples Collected at Hukushima, Ibaraki Prefecture and Near Sites として筑波大学のホームページに掲載されている．セシウム-137 の汚染図は福島県内では，文部科学省と米国エネルギー庁による調査図とほぼ同様であった．茨城県全県，栃木県東部，千葉県北部，埼玉県東部にわたる表面汚染のデータはこれが初めてであると思われる．

セシウム-137 について，図 4 に示すように，栃木県北東部，茨城県の霞ヶ浦の北側から千葉県北部，埼玉県東部，恐らく東京都東部にかけて緑色の濃度（1 万～5 万 Bq/m^2）であった．セシウム-134 の濃度分布もセシウム-137 とほとんど同じであった．したがって，セシウム-134＋セシウム-137 濃度は 2 万～10 万 Bq/m^2 程度であると考えられる．ヨウ素-131 の濃度分布は，茨城県の全域，栃木県の東部全域，千葉県北部，埼玉県東部，おそらく東京都東部がほとんど緑色（2 万～10 万 Bq/m^2）であった．ただし，ヨウ素-131 は 80 日経つと 0.1％にまで減衰するので現在はほとんど消失しているであろう．テルル-129m も霞ヶ浦の西側から千葉県西部にかけて細長く 1 万 Bq/m^2 程度の場所が連なっていた．これらの濃度表記は，柱状の色分けされた凡例から著者が読み取ったものであって，あまり正確ではない．

東京新聞（2011.6.14）によると，「茨城県南部や千葉県北西部の一帯が比較的高く，福島県いわき市と変わらないレベルになっている．茨城県取手市と千葉県流山市では約 4 万 Bq/m^2 を検出した」と書かれている．3 月 21 日の降雨によって，利根川流域の濃度が高くなっていると末木準教授らは考えているとのことである．

5-5 放射性セシウム濃度の重量—面積当たりの換算

5-1 および 5-2 は福島県と福島県の近隣県の土壌（作土 15 cm）中の放射性セシウム濃度を Bq/kgDW で表示したものであり，5-3 の文部科学省と米国

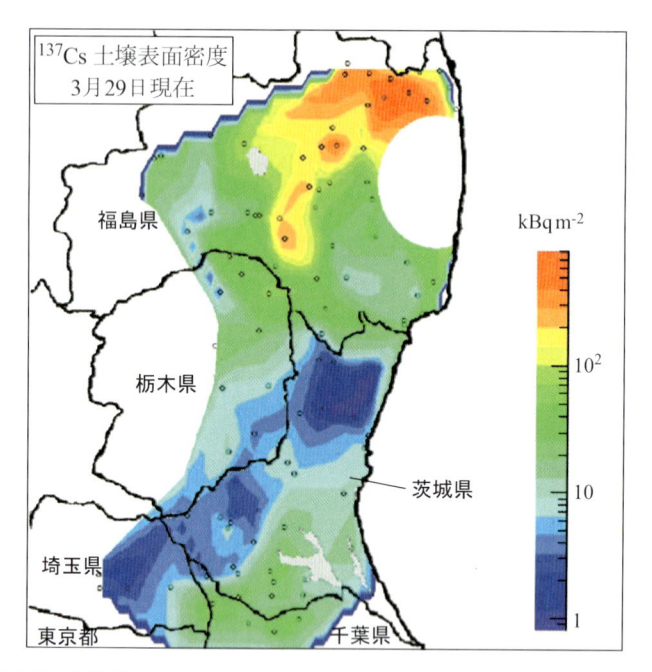

図4 福島県,茨城県およびその近隣のセシウム-137による土壌表面汚染図 (Bq/m²)
筑波大学アイソトープ総合センターのホームページより

DOEによる調査では,地表面の放射性セシウム濃度をBq/m²で表示してある.これら両者の値を換算することを試みた.

福島県などの試料採取方法は,作土15cmまでの土壌1kgを採取したものとし,土壌の比重を1と仮定した.したがって,1kgの土壌は0.001m³の土壌に相当する.また,放射性核種は降下したすぐ後であり,放射性セシウムは土壌表面に付着しているものとする.

そこで,次の等式が成立する.

$0.15 \times X^2 = 0.001$

ただし,Xは切り取った土壌のX,Y軸方向の1辺の長さ(m).

1m²当たりに換算するためには $\dfrac{1}{X^2} = 1 \div \dfrac{0.001}{0.15} = 150$ (倍)

しかし,水田の生土には水分が35%程度,畑の生土には水分が18%程度含

まれていると仮定する．したがって，係数は水田土壌では98，畑土壌では123になると考えられる．そこで水田土壌では，Bq/kgDW×98＝Bq/m^2，畑土壌ではBq/kgDW×123＝Bq/m^{2}となる．また逆に，水田土壌ではBq/m^2÷98＝Bq/kgDW，畑土壌ではBq/kgDW÷123＝Bq/kgDWとなる．ただし，これらの係数は仮定を置いたものであるので，仮定が正しくなければ計算して出てきた値は間違っていることになる．なお，3.7万Bq/m^{2}は水田土壌では378Bq/kgDW，畑土壌では301Bq/kgDWとなる．

若干の市と村について計算してみる．

飯舘村：水田土壌10点，畑土壌5点であるので，土壌中平均濃度に掛ける係数は106である．土壌中平均濃度は15595Bq/kgDWであるので，15595×106＝は165万Bq/m^{2}となる．

二本松市：水田土壌9点，畑土壌3点であるので，係数は104となる．土壌中平均濃度は2818Bq/kgDWであるので，2818×104＝29万Bq/m^{2}となる．

本宮市：水田土壌7点，畑土壌2点であるので，係数は104となる．土壌中平均濃度は3403Bq/kgDWであるので，3403×104＝は35万Bq/m^{2}となる．

文部科学省と米国DOE作成の放射性セシウムの地表面への蓄積量の地図をみると，飯舘村のほぼ全域は，100万～300万Bq/m^{2}の範囲に入っており，129万Bq/m^{2}はその間に入る．二本松市と本宮市のほぼ全域は，30万～60万Bq/m^{2}の範囲にあり，二本松市が29万Bq/m^2，本宮市が35万Bq/m^{2}となり，二本松市の値は少し低いようである．

ただし，土性や気象条件，また土壌採取の深さが異なれば全く違った結果となることをお断りしておく．表層5cmを採取すれば，生土の場合の150という係数は50になる．したがって土壌採取の深さが判らなければ換算はできない．

そこで，福島県の近隣県土壌中放射性セシウム濃度の平均値と最大値について m^2 当たりに換算してみる．

宮城県：全部水田土壌であるので，310（～693）Bq/kgDWは3.0万（～6.8万）Bq/m^2

茨城県：水田土壌15点，畑土壌3点であるので227（～496）Bq/kgDWは2.3万（～5.1万）Bq/m^{2}となる．

栃木県：全部水田土壌（14点）であるので，501（〜1826）Bq/kgDW は 4.9 万（〜17.9）Bq/m^2

群馬県：とくには記載がないが全部水田土壌（8点）と考えられるので，253（〜569）Bq/kgDW は 2.5 万（〜5.6 万）Bq/m^2 となる．

千葉県：水田土壌4点，畑土壌6点であるので，139（〜301）Bq/kgDW は 1.6 万（〜3.4 万）Bq/m^2 となる．

先述のように，チェルノブイリ周辺では，3.7 万 Bq/m^2 を超える地域では放射能管理が必要であるとされている．福島県以外の県で，平均値が 3.7 万 Bq/m^2 を超えている県は栃木県だけであった．しかし，最大値がこの値を超えている県は，宮城県，茨城県，および群馬県であった．

栃木県那須塩原市の最大値，17.9 万 Bq/m^2 は非常に高い値であり，気になるところである．なお，先に述べたようにこの換算値はやや低めであると考えられることに注意していただきたい．

以上のことは，福島県のみならず，他の県でも土壌の放射性セシウム汚染について十分注意する必要があることを示しており，繰り返しになるが，きめ細かな土壌と作物汚染の調査が必要である事は言うまでもない．

6. 農作物の汚染

野菜類，牛乳，魚類の汚染については，厚生労働省が随時発表している．著者が 5 月 11 日に印刷したのは 5 月 8 日発表分までの「公表順」のデータであった．全部で 2746 項目あった．その後も発表は続いているが，ここでは一応 5 月 8 日発表分までのデータについて紹介する．なお，5 月 9 日以降のデータは表 6，表 7 で紹介した．野菜類と魚類は生重（FW）当たりのようである．単位が明示されていないのは困ったことである．

6-1 福島県の野菜等および原乳・牛肉

福島県の原乳汚染の公表は 3 月 19 日に採取（購入）したものが最初である．原乳のヨウ素-131 濃度は，いわき市が 980，国見町が 1400，飯舘村が

5200 Bq/kg であった．同時に，飯舘村では放射性セシウムが 420 Bq/kg 検出された．3月20日の原乳には川俣町でヨウ素-131 が 360〜5300 Bq/kg 検出された．

　野菜の汚染データが公表されたのは3月21日採取のものからである．飯舘村のブロッコリーからヨウ素-131 が 17000，放射性セシウムが 13900，川俣町の信夫冬菜からヨウ素-131 が 22000，放射性セシウムが 28000，西郷村の山東菜からヨウ素-131 が 4900，放射性セシウムが 24000，田村市のホウレンソウからヨウ素-131 が 19000，放射性セシウムが 40000，二本松市の紅菜苔からヨウ素-131 が 5400，放射性セシウムが 10800，本宮市の茎立菜からヨウ素-131 が 15000，放射性セシウムが 82000Bq/kgFW という高い値が検出された．

　図5には，各市町村において暫定規制値以上のヨウ素-131 または放射性セシウムが検出された野菜等の名称を符号で示してある．20km 圏のすぐ外側にあり，かなり放射性核種による汚染濃度が高いと考えられる浪江町や葛尾村に超過事例がないことは気になる．遠い所では，原発から約 100〜120km 離れた会津坂下町（放射性セシウム 1520 Bq/kgFW），下郷町（放射性セシウム 530Bq/kgFW），会津若松市（放射性セシウム 2200 Bq/kgFW）のホウレンソウに規制値を超過したものがあった．これらはいずれも4月11日に採取されたものである．図1（p.19）に示したように下郷町の作土中放射性セシウム濃度は 9 Bq/kgDw という低濃度であるとのことであり，土壌中放射性セシウム濃度が正しい値かどうか疑われたが，6月29日の発表で 247Bq/kgDW の畑土壌があることが発表されている．

　ヨウ素-131 の物理学的半減期は約8日であり，今後は野菜等による根からの放射性セシウム吸収による汚染が問題になるであろう．

　福島第一原発大事故によって放出されたヨウ素-131 と放射性セシウムによって汚染された原乳や野菜等の放射性核種濃度がどのような推移をたどったかを見てみたい．試料が経時的に採取された，原乳（飯舘村），ホウレンソウ（泉崎村）およびキャベツ（南相馬市）について述べる．ここで用いたのは「産地別」のデータである．

図 5 福島第一原発大事故により放出されたヨウ素-131、放射性セシウムを暫定規制値以上含む野菜および原乳が検出された市町村（2011 年 5 月 8 日発表分まで）
ヨウ素-131：野菜 2000Bq/kgFW 以上、牛乳 300Bq/kg 以上、放射性セシウム：野菜 500Bq/kgFW 以上、牛乳 200Bq/kg 以上（著者作図）

図6には飯舘村の原乳中のヨウ素-131と放射性セシウム濃度の推移を示した．3月19日に5200 Bq/kgあったヨウ素-131濃度は徐々に減少し，最初の水素爆発があった3月12日から60日後の5月11日には，検出限界以下になった．また，3月19日に420 Bq/kgあった放射性セシウム濃度は，その後同様に減少したが，5月17日にもまだ5 Bq/kgあった．ここで同じ日に採取された原乳におけるヨウ素-131の濃度のばらつきについて述べたい．川俣村では3月20日に12点の原乳が採取された．そのヨウ素-131濃度は，小さい値から順番に述べると，55，57，58，100，150，150，360，390，530，650，1200，5300 Bq/kgであり，平均値（最小値〜最大値）は750（55〜5300）Bq/kgであった．このように，食品中放射性核種の濃度はバラツキがあるようだ．

図7には泉崎村産ホウレンソウ中のヨウ素-131と放射性セシウム濃度の推移を示した．3月21日に4600 Bq/kgFWあったヨウ素-131は，その後減少し，3月12日から約50日後の5月2日には不検出であったが，5月9日に

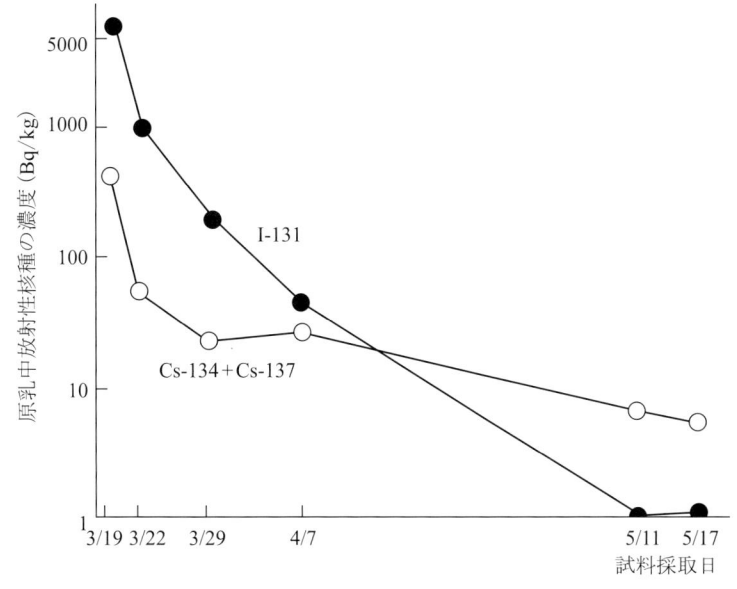

図6　飯舘村産原乳中ヨウ素-131およびセシウム-134 ＋セシウム-137 濃度の推移
（著者作図）

は 9.2 Bq/kgFW あった．データのバラツキであろう．この場合は放射性セシウム濃度がヨウ素-131 濃度より常に高い値を示していた．また，3月21日に 6500 Bq/kgFW であった放射性セシウム濃度は，その後減少したが，4月18日以降はあまり変動がなかった．

図8には南相馬市産キャベツ中のヨウ素-131 と放射性セシウム濃度を示した．3月21日に 5200 Bq/kgFW あったヨウ素-131 は，その後減少し，3月12日から30日後の4月11日には不検出となり，そのまま推移した．また，3月21日に 2600 Bq/kgFW あった放射性セシウムは，3月28日あるいは4月4日に最低値を示した後，若干増加する傾向が認められ，後半には土壌からの放射性セシウム吸収が疑われる結果となっていた．

しかし，いずれにせよ今回までの放射性核種による汚染は，大部分が大気降下物によるものと考えられるが，福島第一原発からの再飛散がなければ今後は土壌からの吸収が主役を占めるものと考えられる．

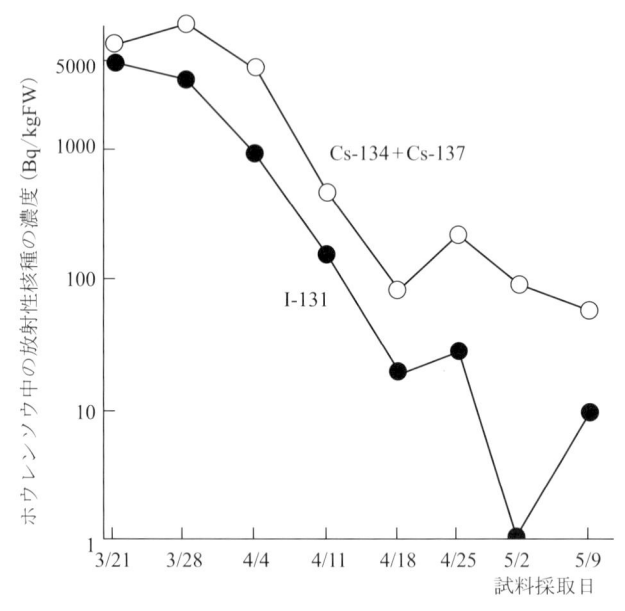

図7　泉崎村産ホウレンソウ中ヨウ素-131 およびセシウム-134 ＋セシウム-137 濃度の推移　　　　　　　　　　　　　　　　　　　　　　　　（著者作図）

南相馬市の農家が出荷した牛肉11頭から放射性セシウムが1530〜3200Bq/kgFW検出された．出荷前の体表面の放射線検査では検出されなかったという．その農家は，水田に放置された稲わらを与えており，放射性セシウムが75000Bq/kg検出されたとのことである（毎日新聞朝刊，2011.7.12）．その後も浅川町の畜産農家が白河市の農家から購入した稲わらから放射性セシウムが97000Bq/kg，牛肉から650，694Bq/kgFW検出された．また宮城県北部の登米市，栗原市の稲わらから最高3649Bq/kg検出された．福島第一原発から白河市は約80km，登米市や栗原市は約150km離れている．さらに郡山市の農家に残っていた稲わらから50万Bq/kg，相馬市で123000Bq/kg，喜多方市で39000Bq/kg，宮城県大崎市で17600Bq/kgの放射性セシウムが検出された．汚染が疑われる牛は少なくとも132頭が7都道府県に出荷され，35都道府県で消費されたとみられる．牛肉から放射性セシウム（Bq/kgFW）が青森県で1050，山梨県で680，岐阜県で630，埼玉県で2100，東京都で

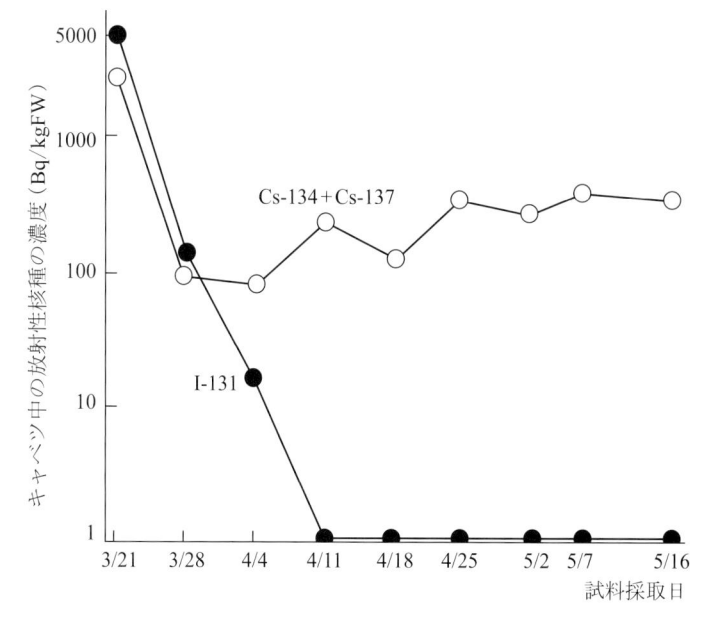

図8　南相馬市産キャベツ中のヨウ素-131およびセシウム-134＋セシウム-137濃度の推移　　　　　　　　　　　　　　　　　　　　　　　　（著者作図）

2300，670，610，松山市で 2400 検出されたと報道されている（毎日新聞，2011.7.15〜18）．稲わらについては kg とあるだけで，DW か ADW か判らないが，ADW のようである．農林水産省に聞いたところ，「牧草の暫定規制値は 300Bq/kgFW であり，牧草の水分は 80% 程度である．一方稲わらは乾燥している．水分は約 12〜13% 程度である．新聞のデータは風乾物量（ADW）当たりで出し，さらに水分 80% に換算した値も出ている場合もある」とのことであった．

水田土壌中放射性セシウム濃度（Bq/kgDW）は，表 6 で示したように，福島県南相馬市では 780，1043，白河市では 843，郡山市では 2424（875〜3752），相馬市では 634，646，喜多方市では 719（139〜1977）であり，また，宮城県のホームページによれば登米市では 215，196，栗原市では 210，511，大崎市では 247，188 であった．したがって，福島県，宮城県はもとより，岩手県，茨城県，栃木県，群馬県，千葉県，埼玉県，神奈川県産の稲わらおよび肉牛・牛乳中放射性セシウム濃度の調査が必要であろう．チェルノブイリ原発事故（1986 年）の 14〜17 年後における，セシウム-137 濃度が >18.5 万 Bq/m^2 および 3.7 万〜18.5 万 Bq/m^2 の汚染地域における穀物，ジャガイモ，牛乳，肉のセシウム-137 濃度を表 19（p.89）に示しているが，穀物，ジャガイモに比べて牛乳および肉中の方が高濃度である．日本でも長期にわたってきめの細かい調査と農家への情報伝達が必要であろう．

6-2 福島県周辺都県の野菜

福島県以外では，茨城県に高濃度の放射性核種を含む野菜等が検出されている．特に海岸寄りの地域と南西地域で暫定規制値以上の野菜が検出されている．試料採取は 3 月 18 日から 4 月 11 日であった．野菜としてはホウレンソウが多い．各市町におけるヨウ素-131 の最大値（Bq/kgFW）は，ホウレンソウで北茨城市 24000，高萩市 15020，大子町 6100，日立市 54100，常陸太田市 19200，東海村 9840，那珂市 16100，ひたちなか市 8420，茨城町 4100，鉾田市 7710，つくば市 2300，古河市 4200，守谷市 2100 などであった．放射性セシウムはヨウ素-131 より低濃度であり，最大値は日立市の 1931 Bq/kgFW で

あった．鉾田市ではパセリも分析されており，最大値はヨウ素-131 が 12000，放射性セシウムが 2110 Bq/kgFW であった．茨城県守谷市は原発から約 180 km も離れている利根川沿いの市である．

栃木県では，3 月 19～24 日に採取されたホウレンソウや春菊から放射性核種が検出された．ホウレンソウでは，宇都宮市でヨウ素-131 が 3500，放射性セシウムが 570 Bq/kgFW，上三川町で最大でヨウ素-131 が 5230，放射性セシウムが 740 Bq/kgFW，下野市で最大でヨウ素-131 が 3900，放射性セシウムが 510 Bq/kgFW，壬生町で最大でヨウ素-131 が 5700，放射性セシウムが 790 Bq/kgFW 検出された．また春菊では，さくら市でヨウ素-131 が 4340 Bq/kgFW，真岡市でヨウ素-131 が 2080 Bq/kgFW 検出された．

千葉県で規制値を超えていたのは全てヨウ素-131 であった．旭市（3 月 22 日採取）で 9 点の分析値があり，規制値を超えていたのは春菊 2200～4300，パセリ 2300～3100，サンチュ 2800，セルリー 2100，チンゲンサイ 2200 Bq/kgFW であった．ホウレンソウでは，多古町（3 月 24 日採取）で 3500，香取市（3 月 30 日採取）で 2117 Bq/kgFW であった．

群馬県では 3 月 19 日に採取された伊勢崎市のホウレンソウからヨウ素-131 が 2080～2630，高崎市のかき菜から放射性セシウム 555 Bq/kgFW が検出された．

東京都でも 3 月 23 日に江戸川区で採取された小松菜から放射性セシウ

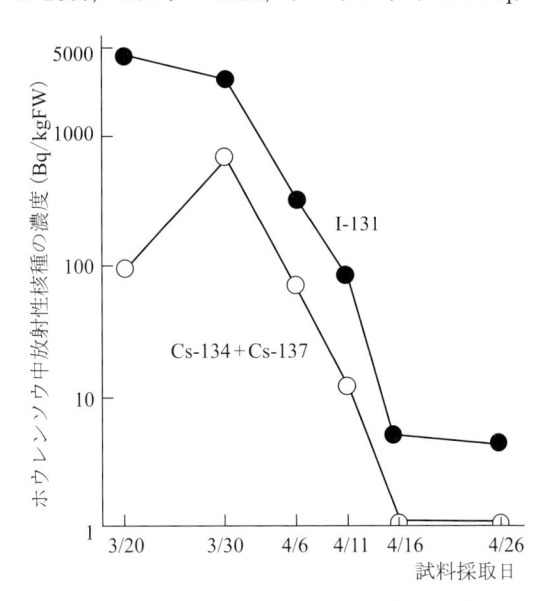

図 9 茨城県茨城町産ホウレンソウ中ヨウ素-131 およびセシウム-134 ＋セシウム-137 濃度の推移　　　　　　　　　　（著者作図）

ムが 890 Bq/kgFW 検出された.

　福島県産野菜等の放射性核種濃度の推移について述べたが，福島県の近隣県についてもデータが多いホウレンソウについて放射性核種濃度の推移について述べる.

　図 9 に茨城県茨城町産ホウレンソウ中のヨウ素-131 と放射性セシウム濃度の推移を示した. 3 月 20 日に 4100 Bq/kgFW あったヨウ素-131 は 3 月 30 日には 2900 Bq/kgFW に低下し，その後急激に低下して，4 月 16 日および 4 月 26 日にはそれぞれ 32 および 33 Bq/kgFW になった. 福島第一原発大事故発生の 3 月 11 日から 26 日目，最初に試料を採集した 3 月 20 日から 27 日目で 32 Bq/kgFW まで低下したことになる. 一方，放射性セシウム濃度は 3 月 20 日には 96 Bq/kgFW であったが，3 月 30 日には 691 Bq/kgFW であり，4 月 16 日，26 日には検出限界以下に低下していた.

　図 10 に栃木県上三川町産ホウレンソウ中ヨウ素-131 と放射性セシウム濃

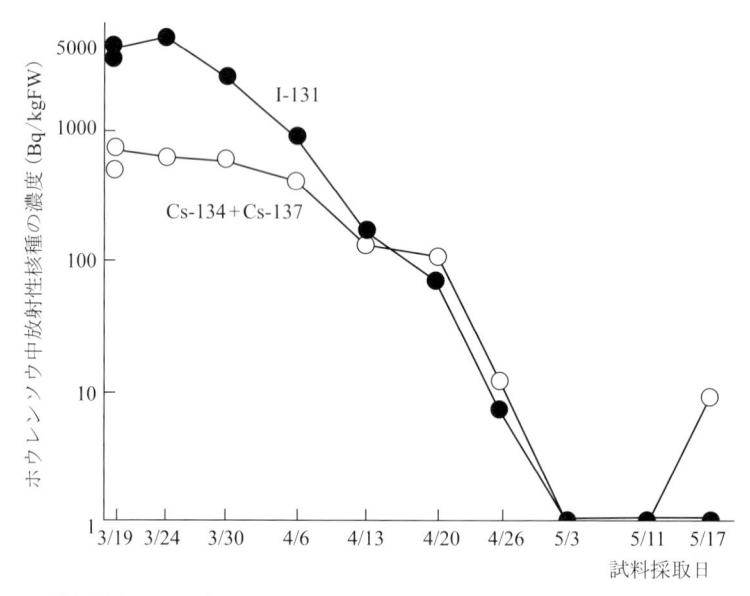

図 10　栃木県上三川町産ホウレンソウ中のヨウ素-131 およびセシウム-134 ＋セシウム-137 濃度の推移　　　　　　　　　　　　　　（著者作図）

度の推移を示した．3月19日に採取した2点にはヨウ素-131が3600および4600 Bq/kgFW含まれており，3月24日には5230 Bq/kgFWであった．その後徐々に低下し，5月3日以降検出限界以下になった．一方放射性セシウム濃度は3月19日には500および740 Bq/kgFW含まれていたが，その後徐々に低下して5月3日および5月11日には検出限界以下となった．その後，5月17日に9.4 Bq/kgFW検出された．検出限界以下となった5月3日は3月11日から43日目，最初の試料採取日から45日目にあたった．

図11に群馬県伊勢崎市産ホウレンソウ中ヨウ素-131および放射性セシウム濃度の推移を示した．ほぼ毎回，試料を2点ずつ採取していた．ヨウ素-131は3月19日に2630および2080 Bq/kgFWあり，その後徐々に低下し，4月19日以降5月17日まで検出限界以下であった．放射性セシウムは3月19日に310および268 Bq/kgFWあったが，4月7日まで濃度に大きな変動はなかったが，4月12日にはかなり低下しており，4月19日以降検出限界以下になった．検出限界以下になった4月19日は3月11日から39日目，最初に試料採取した3月19日から31日目であった．

ホウレンソウ中の放射性核種の濃度をみると，福島県泉崎村ではヨウ素-131より放射性セシウム濃度のほうが高く，他の県ではヨウ素-131濃度の方が放射性セシウム濃度よりも高いようである．ヨウ素-131の方が放射性セシウムより遠くまで飛ぶということであろうか．

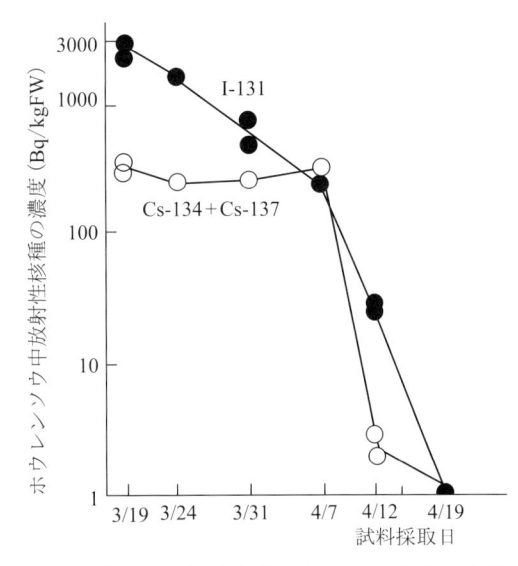

図11 群馬県伊勢崎市産ホウレンソウ中ヨウ素-131およびセシウム-134＋セシウム-137濃度の推移　　　　　　（著者作図）

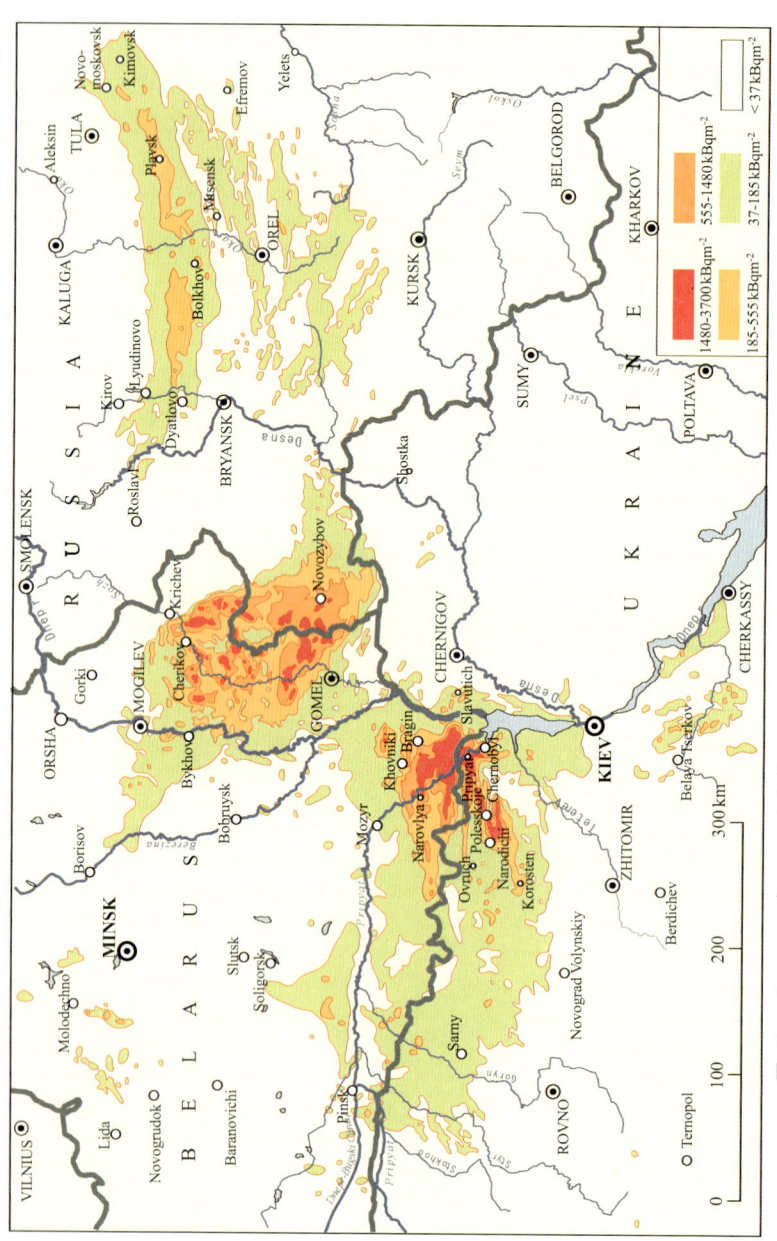

図12 チェルノブイリ原発事故によって放出されたセシウム-137の地表面への蓄積量
UNSCEAR (2000) p.460

その後，神奈川県で5月初旬または中旬に採取されたお茶の生葉（新芽）から放射性セシウムが最大で780 Bq/kgFW 検出された．ヨウ素-131 はいずれも検出限界以下であった．すなわち，南足柄市（5月10日採取）から570 Bq/kgFW，小田原市（5月11日採取）から780 Bq/kgFW，愛川町（5月11日採取）から670 Bq/kgFW，神奈川県清川村（5月11日採取）から740 Bq/kgFW，神奈川県真鶴町（5月12日採取）から530 Bq/kgFW，神奈川県湯河原町（5月12日採取）で680 Bq/kgFW 検出された．なお，荒茶（摘みたての葉を蒸気で加熱し乾燥しただけで，重量は生葉の約5分の1になるという）から3000 Bq/kgADW の放射性セシウムが検出された．放射性セシウムは，古葉の表面に吸着されていたものが葉面吸収され新芽に移動（流転）した可能性がある．しかし，根から吸収される可能性も否定できないであろう．しかし，2, 3番茶の場合には，おそらく根から吸収されると考えられる．

　福島第一原発から東京都は約210km，神奈川県は約270km離れているが，後述のチェルノブイリ原発事故の例をみれば，東京都や神奈川県の野菜等が汚染されていても不思議ではない．チェルノブイリ原発事故により放出されたセシウム-137 によって600km 以上離れた地点でも高濃度に汚染されている（図12）．

　その後も，生茶葉から放射性セシウムが，栃木県（4月17日採取）鹿沼市で890 Bq/kgFW，大田原市で520 Bq/kgFW，栃木県宇都宮市で610 Bq/kgFW，千葉県（4月19日採取）八街市で985.4 Bq/kgFW，大網白里町で751.8 Bq/kgFW，茨城県（4月18日に採取）の7市町（坂東市，常陸大宮市，常陸太田市，常総市，古河市，茨城町，城里町）で523～1030 Bq/kgFW 検出された．

　野菜類の汚染は以上の通りであるが，かなり遠くまで放射性核種が飛んでいることが判る．現在でも放射性物質の放出が若干続いており，これからは根からの放射性セシウムの吸収が主になるので，今後，さらにきめ細かい試料採取―分析が必要である．なお，今後ストロンチウム-90 のデータが発表されると思われるが，ストロンチウム-90 は骨に蓄積され，生物学的半減期が長いので，注意する必要がある．

　その後，作物や魚類等の放射性セシウム濃度が次々と発表されているので，

5月9日以降に採取分析され,農林水産省による暫定規制値を超えた値について紹介したい(表7).すでに,若干のお茶生葉については上でも述べている.通常の野菜についてはカブとパセリが一点ずつしかないが,原木しいたけ(露地),たけのこ,うめ,お茶(生葉)の値が沢山報告されている.これら4種の作物中放射性セシウム濃度は,図4〜9で示した通常野菜の場合とは異なり,

表7 5月9日以降に採取された野菜類中の暫定規制値を超えた放射性セシウム濃度
(Bq/kgFW)

品 目	数	採取日	平均値 (最小値〜最大値)	産 地
かぶ	1	5/9	570	福島市
パセリ[*1]	1	5/12	1110	茨城県流通品
原木しいたけ[*2] (露地)	15	5/12〜6/16	1261(550〜2700)	福島市,本宮市,相馬市,伊達市,南相馬市
たけのこ	46	5/9〜6/23	996(550〜3100)	南相馬市,伊達市,本宮市,桑折町,国見町,川俣町,西郷村,いわき市,相馬市,三春町,天栄村
うめ	11	5/26〜6/21	669(580〜760)	伊達市,福島市,桑折町,相馬市,南相馬市
茶(生茶)	30	5/10〜6/1	735(523〜1030)	神奈川県(南足柄市,小田原市,愛川町,清川村,真鶴町,湯河原町) 茨城県(大子町,境町,常陸大宮市,常陸太田市,城里町,茨城町,常総市,坂東市,古河市) 千葉県(八街町,大網白里町,野田市,成田市,富里市,山武市) 福島県塙町,群馬県渋川市
アラメ[*3]	3	5/21〜6/13	860(660〜970)	いわき市
ワカメ[*4]	1	5/16	1200	いわき市
ヒジキ[*5]	1	5/21	1100	いわき市

I-131 濃度(Bq/kgFW)
　*1:210(5/12), *2:25(5/12), *3:1100(5/21), 640(6/6), 930(6/6), 860(6/13)
　*4:380(5/16), *5:2200(5/21)
以上以外にホウレンソウから 45(5/30), 27(5/31) 検出　　　　　　　　(著者作表)

試料採取日の経過と共に濃度が急激に低下する様子は認められないようである．お茶以外はすべて福島県産であるが，お茶は神奈川県，茨城県，千葉県産であり，他は福島県塙市と群馬県渋川市だけであった．欄外に書いたが，ヨウ素-131濃度は低いか検出限界以下であった．

一方，海草では放射性セシウム濃度と共に，ヒジキ以外は暫定規制値以下ではあるがヨウ素-131の値も高く，3月の原発建屋等の爆発時以降にも海水には放出されていると考えられた．

6-3　魚類

魚類ではイカナゴの稚魚から高濃度のヨウ素-131や放射性セシウムが検出されている．いわき市で水揚げされたイカナゴ稚魚から最大でヨウ素-131が12000，放射性セシウムが14400，北茨城市で水揚げされたものから最大値でヨウ素-131が2300，放射性セシウムが1374，高萩市で水揚げされたものから放射性セシウムが505 Bq/kgFW 検出された．いわき市で水揚げされたシラスから640 Bq/kgFW，ムラサキイガイから650 Bq/kgFW の放射性セシウムが検出された．

その後，淡水魚の汚染値も公表されている．アユ（いわき市，5月8日採取）から放射性セシウムが720 Bq/kgFW，ワカサギ（福島県北塩原村，5月10日および5月17日採取）から放射性セシウムが870Bq/kgFW および780Bq/kgFW，ヤマメ（福島県伊達市，5月17日採取）から放射性セシウムが990 Bq/kgFW 検出された．

5月9日以降に採取され，暫定規制値を超える海水魚等および淡水魚等の値は表8に示した．5月9日以降に採取された海水魚類等はアイナメを除いてすべていわき市で水揚げされたものである．6月になっても高濃度の放射性セシウムを含む魚類が捕獲されていることが判る．底生魚等の値が高いようである．淡水魚類等についてはさらに高い値が認められる．アユの4400 Bq/kgFW は非常に高い値であるが，平均値で1000 Bq/kgFW を超えるかそれに近い値のものが多い．海水魚類および淡水魚類共に，今後の汚染濃度の推移が心配される．

表8 5月9日以降に採取された魚類中の暫定規制値を超えた放射性セシウム濃度
(Bq/kgFW)

品目	数	採取日	平均値 (最小値〜最大値)	産地
シラス*1	4	5/9〜6/6	670(560〜850)	いわき市
アイナメ	3	6/6〜6/16	1447(780〜1780)	いわき市,相馬市
エゾイソアイナメ	2	6/6〜6/13	1020(890〜1150)	いわき市
イシガレイ	1	6/13	680	いわき市
ムラサキイガイ*2	1	5/16	650	いわき市
ホッキ貝	3	5/28〜6/13	740(610〜940)	いわき市
ウ ニ*3	1	5/28	1280	いわき市
キタムラサキウニ*4	1	6/6	680	いわき市
ワカサギ*5	2	5/10〜5/17	825(780〜870)	福島市,北塩原村
ヤマメ	7	5/17〜6/10	939(560〜2100)	福島市,伊達市,猪苗代町,白河市,飯舘村
モクズガニ	1	6/19	1930	南相馬市
ウグイ	3	5/20〜6/10	1393(800〜2500)	福島市,南相馬市
ア ユ*6	9	5/21〜6/18	1813(620〜4400)	いわき市,南相馬市,伊達市
イワナ	1	6/9	590	福島市

I-131 濃度 (Bq/kgFW)
 *1:12(5/9), 19(5/9), *2:820(5/16), *3:54(5/28), *4:16(6/6), *5:24(5/10)
 *6:18(5/21)

(著者作表)

7. 汚染土壌の修復

　汚染された土壌は元のきれいな土壌に修復されなければならない．しかし，チェルノブイリ原発事故で汚染された地域では事故発生から25年すぎた現在でも，住民の居住，作物栽培が禁止されている場所が広範囲にあるようである．したがって，汚染土壌の修復も簡単には出来ないと考えられる．汚染土壌の修復には，カドミウム汚染田の修復（浅見,2010, p.273〜289）と同様に，農業土木学的方法，化学的方法，生物学的方法とが考えられる．しかし，放射性物質による汚染土壌の修復は，汚染物質の性質のためにカドミウム汚染田修復よりも困難であろう．

現在まで，マスコミで「専門家」と称している人々が提案しているのは，①汚染土壌を削り取る，②ヒマワリや菜種を植えて放射性物質を吸収させ，土壌中濃度を低減させる，などである．①は農業土木学的法であり，②は生物学的方法，いわゆる植物修復（ファイトレメディエーション）であろう．化学的方法の提案はないようである．これらについて順次検討することにする．

7-1 農業土木学的方法

「農地の表面5cmを削ればよい」という意見を述べる人がいる．しかし，どのような機械を用いるのか，削り取った土壌をどうするのかについて述べている人は居ないようである．まず，5cm削る点については，畑土壌の状態を考えれば不可能であることは自明である．畑には通常さく（うね）が切ってあり，平坦ではない．表面5cmを削るなどということは不可能に近い．水田では畑より平坦であるが稲株があり，またかなりの水分を含んでいる場合もあって，上部5cmを削り取ることは難しいと考えられる．可能なら提案者に実施してみていただきたい．完全な汚染除去には少なくとも作土15cmを削り取ることが必要であろう．ところで難問がこの後に待っている．1万haの作土15cmは1500万m^3である．この膨大な量の土壌をどう処理するかを示さなければ単なる机上の空論である．

先に述べたように放射性セシウムが60万Bq/m^2以上の面積は約1400km^2（14万ha）ほどあると見積もられる．農地の表土削り取りを実施しても，周囲の山林，原野，宅地などから風や雨水で流入する放射性物質があると考えられ，農地の再汚染があり得る．

農用地汚染対策地域に指定された農地は，カドミウムだけで6428ha（2007年末現在）である．この復元には40年かかっても若干の汚染地が残っている．したがって，研究・調査など，十分な検討が必要であろう．

農地の場合，作土をはぎ取れば肥沃度の低い下層土が表面に出てくる．あらたに作土となる肥沃度の低い土壌の肥沃度を取り戻すにも多くの時間と資金を要することは自明である．また，作土をはぎ取った後に，非汚染の山土などで新たな作土を作ることも考えられる．その場合には土取り場を探さなければな

らないと言う難問が存在する．

「天地返しをすればよい」と言う人もいる．天地返しとは，汚染された作土を心土（下層土）と入れ替える技術であり，農業土木分野では以前から用いられている．ところで，この方法は同じ場所では1回しか用いることはできない．なぜならば，2回目の天地返しによって前に埋められた放射性核種によって汚染された土壌が上に出てしまうからである．現在の汚染地が再汚染される可能性は十分考えられる．その理由は，原発からの再汚染がない場合でも水田や畑の周囲の山林，宅地，道路などから風や雨水によって水田や畑に放射性核種が搬入されることがありうるからである．

しかし，学校の校庭や公園などでは表土を数cm削り取ることは可能であろう．その場合は，削り取る前に水撒きなどをして，作業中の放射性核種を含んだ粉じんが舞い上がって新たな汚染源になることを防ぐ必要がある．千葉県のある小学校で，校庭土壌の放射性核種濃度が高いという理由で，運動会の前に校庭を箒で掃いたという話を聞いた．もし，本当にそのような作業をしたとすれば，放射性核種で汚染された土ぼこりが舞い上がり，空気中の放射性核種の濃度が増加したと考えられる．

校庭の広さが1 ha，表土5 cmを削り取った土壌の容積は500 m^{3}になる．すなわち，1辺が約8 mの立方体の体積となる．庭の隅に大きな穴を深く掘って，汚染土壌を埋め，その上を汚染されていない掘り起こした土壌で覆えば，適当な大きさの築山ができるであろう．校庭や公園の場合，表面が平らであり，また面積が狭いので，このような手段をとることも可能であると考えられる．

いずれにせよ，福島県の放射性核種による汚染土壌に農業土木的方法を適用する場合には，削り取った汚染土の始末について充分な検討が必要である．

7-2 生物学的方法（植物修復）

ヒマワリや菜種を植えて，放射性核種を吸収させる方法について提案している「専門家」と称する人がいる．チェルノブイリ原発事故で放出された放射性核種によって汚染された地域で，菜種を植えて成果が上がっているともいう．しかし，菜種によって除染したにもかかわらず，何故，まだチェルノブイリ近

くに住民は帰れないのか，何故，作付け禁止地域がまだあるのか，についての説明もなされていないようである．

この場合も，種から油を取って，その油を各種の燃料にすればよいと述べているようであるが，生産された膨大な量の植物をどのように処理するかについては「専門家」は語っていないようである．

ところで，IAEA (2006) に菜種の栽培について書かれている．後にⅢ．2-2で紹介するように，放射性核種の吸収が少ない品種を選抜し，カリ肥料を多量含む肥料の施肥によって，放射性核種の吸収を少なくして，放射性核種をあまり含まない油を生産していると書かれている．菜種によって土壌中の放射性核種を吸収浄化するとは書かれていない．また，生産された膨大な量の植物体の処理については触れられていなかった．また，ヒマワリ栽培についての記述はなかった．

土壌剥離の場合と同様に，植物を使った修復についても，後始末をどうするかが決まらなければ，単なる机上の空論である．

一例として，カドミウム汚染田に稲を植えてカドミウムを吸収させ農地を修復させる試験について述べたい．

伊藤 (2008) は植物修復用品種の選定試験において，「密陽」と「ハバタキ」という稲の品種がカドミウム吸収力が高いことを見出した．圃場試験は，4.6 ha (42筆，協力農家17戸) を使って現地試験を行った．4.6 ha で42筆であるので，1筆約 0.1 ha であろう．使用した品種は多肥栽培に強く，作付面積が極めて少ない2品種を混ぜて混播栽培を行なった．収穫物は全部で368個 (0.3 t/個) あった．焼却処理を行ったが，焼却能力を5個/日とすると，74日 (休業日を入れると約3ヵ月) を要したとのことである．この論文については，浅見 (2010, p.282) でも紹介している．

作付け禁止田が約1万 ha あるので，同じ水稲で放射性セシウムを吸収させたと仮定すれば，収穫された植物体量は $(10000 \div 4.6) \times (0.3 \times 368) = 2174 \times 110.4 = 240010$ (t) であり，これを焼却するには如何に膨大な日時が必要であるかお分かり頂だけるであろう．しかも，放射性核種を環境に出さないようにしなければならない．カドミウム汚染田修復に利用できない理由は，この

ように生産された膨大な量の植物遺体の処理が困難なことにあり，種々の植物を使ったカドミウム汚染土壌の修復試験が長年にわたって行われているにもかかわらず，実用化できていない．要するに，大量に産出した植物体の処理方法が確立できていないということである．

　植物修復の場合にも，効率よく放射性核種を吸収する植物の選定，および生産された植物体の処理方法を確立する必要がある．処理については，可能であれば植物体の有効利用が望ましいことは当然である．

　なお，チェルノブイリ原発事故によって放射性核種によって汚染された地域における農業生産対策については，Ⅲ.2で紹介する．

7-3 化学的方法

　マスコミに登場するいわゆる「専門家」とされている人で，化学的方法について述べている人はいないようである．しかし，カドミウム汚染田修復のためには，化学的方法も種々研究されている．

　①化学薬品を水田に散布して，早くカドミウムを溶脱させる方法であり，この場合にはEDTAがよく用いられていた．

　②化学薬品で作土を洗浄して，洗浄液からカドミウムをイオン交換樹脂で取り除く方法である．この場合には，塩化カルシウム溶液や塩化第二鉄溶液などが用いられている．

　しかし，植物修復法と同様に，化学的修復法も現在のところ実用化されていない．

　化学的方法についても，慎重に検討されるべきであるが，水田土壌だけで1万haの作付け禁止面積があるので，そう簡単なことではないと考えられる．

II

大気圏内核爆発実験による日本の土壌・作物汚染

　大気圏および地下核爆発実験は，米国，旧ソ連，英国，フランスおよび中国によって1945年から1980年までに約1200回実施された．このうち，世界的な環境汚染をもたらしたのは，423回におよぶ大気圏内核爆発実験であった．大気圏内核爆発実験によって放出された放射性核種は，大気中で拡散し，放射性降下物として地上に落下し，空気，土壌，陸水，海水を汚染し，やがて陸棲生物および海棲生物を汚染した．

　わが国では，大気圏内核爆発実験にともなう放射性降下物についての調査研究は，1954年3月1日の米国によるビキニ環礁における大気圏内核爆発実験による放射性マグロ事件が契機となって，大学や研究所によって国家的規模で行われた．その当時，対象とされた核種はセシウム-137とストロンチウム-90であった．

　そこで，まず，土壌と粘土鉱物について簡単に説明し，次に2：1型粘土鉱物によるセシウムの固定について解説する．その後，セシウム-137とストロンチウム-90の土壌—植物系汚染に関する実験・試験，について述べ，次いで福島第一原発大事故以前の大気圏内核爆発実験由来のセシウム-137およびストロンチウム-90による日本の土壌—植物系の汚染状況についての調査研究を紹介することにする．

　福島第一原発大事故前の大気圏核爆発実験による土壌のセシウム-137濃度

は数 10 Bq/kgDW であり，今回の汚染濃度は多い場所では数 10 万 Bq/kgDW であり，まったく濃度が違う．したがって，大気圏核爆発実験による大気降下物での汚染セシウム-137と今回のセシウム-137が同じ挙動をするかどうかは今後明らかにされる必要がある．

1. 土壌と粘土鉱物および 2：1 型粘土鉱物によるセシウムイオンの固定

　土壌と粘土鉱物について説明し，2：1型粘土鉱物によるセシウムイオン固定の機構について解説する．

1-1　土壌とは

　土壌は大気・水と共に，人類の生存を支える自然環境を形成している．土壌なしには植物の生育はなく，それを食料とする動物の生存，ひいては人類の生存は不可能である．土壌は次のように定義されている．「土壌とは，地殻の表面において岩石・気候・生物・地形ならびに土地の年代といった土壌生成因子の総合的な相互作用によって生成する岩石圏の変化生成物であり，多少とも腐植・水・空気・生きている生物を含みかつ肥沃度を持った，独立の有機―無機自然体である」．

　土壌は固相，液相，気相から成り立っている．固相中の無機成分には石礫もあるが，2 mm 以下の部分には，粗砂，細砂，シルト，粘土がある．粘土とは 2 μm 以下の画分をいい，粘土鉱物，岩石・鉱物の小砕片から成っている．なお，粘土とは 2 μm 以下の粒径区分のことであり，粘土鉱物とは一次鉱物（造岩鉱物）から二次的に生成した鉱物のことである．粘土と粘土鉱物の概念は違う．粘土鉱物には種々のものがある．この粘土鉱物および土壌有機物（腐植）が各種のイオンを吸着保持する．液相は土壌水であり，気相は土壌空気である．土壌溶液には種々の物質が溶解している．土壌空気中にも気体となった種々の物質が存在している．

　セシウム-137 やストロンチウム-90 は，土壌構成成分のうち粘土画分を構

成する粘土鉱物および腐植によって吸着される．土壌に降下したこれらの放射性核種の一部は，粘土鉱物や腐植の表面に交換吸着されるが，他は固定的に吸着される．特に放射性セシウムは一部の粘土鉱物によって固定される割合が高い．

1-2 固定の解説

土壌中に存在する主な結晶性粘土鉱物にはカオリナイトやハロイサイトのような1：1型粘土鉱物（2層型）と，モンモリロナイトやバーミキュライトのような2：1型粘土鉱物（3層型）がある．

カオリナイトやハロイサイトのような1：1型粘土鉱物の基本構造は2つの層からなっている．ケイ素四面体層はSi_4O_{10}の組成を持ち，その底部はほぼ平らになっている．また，アルミニウム八面体層の組成は$Al_4(OH)_{12}$で示される．ケイ素四面体層の構造をみると，四面体の各頂点に半径 132 pm（pm はピコメーター，1 pm は 1 兆分の 1 メーター）の O イオンが位置し，四面体の中心にケイ素イオン（半径 39 pm）が入っている．アルミニウム八面体層は Al イオン（半径 57 pm）が 6 個の O イオンおよび OH イオンで囲まれて八面体を作っている．

図 13A に模式的に示したように，ケイ素四面体層とアルミニウム八面体層が結合して単位層となり，それが重なってカオリナイトやハロイサイトのような1：1型粘土鉱物を形成している．また，2枚のケイ素四面体層がアルミニウム八面体層を挟んだ構造が単位層を成し，それが重なってモンモリロナイトやバーミキュライトのような2：1型粘土鉱物を形成している．

図 13B に示すように，ケイ素四面体層には直径約 264 pm の空間が Si-O 原子面を構成する酸素 6 員環によってつくられている．カリウムイオンやアンモニウムイオンは水和する傾向が弱く，その空間に半分はまり込み，上下 2 枚のケイ素四面体層を強く引きつけて，そのため層間に入ったカリウムイオンやアンモニウムイオンは，他の陽イオンによって交換されることが困難になる．このような現象を固定という．しかし，このようにして固定されたカリウムイオンやアンモニウムイオンも水和する傾向の強いナトリウムイオン（Na^+）やマ

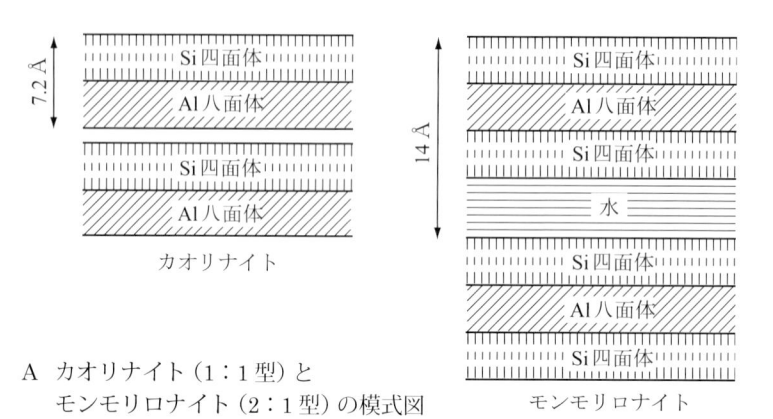

A　カオリナイト（1：1型）と
　　モンモリロナイト（2：1型）の模式図

B　ケイ素四面体層の酸素原子
　　面と陽イオン
セシウムはKやNH₄イオンと
同様に酸素6員環の中に納まる

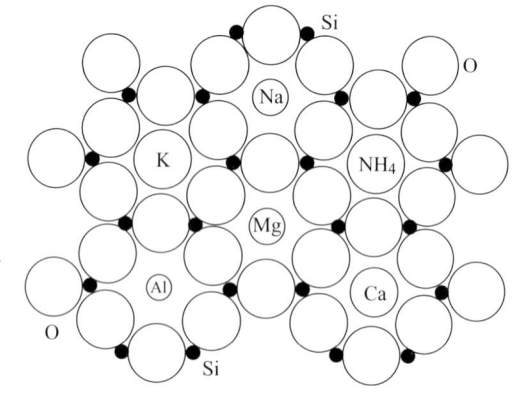

図13　粘土鉱物の構造

グネシウムイオン（Mg^{2+}）のような陽イオンによって，徐々に交換溶出され植物に吸収されやすくなる．セシウムイオンは化学的性質およびイオン直径がカリウムイオンと似ており，同様に2：1型粘土鉱物によって固定される．

　詳しくは土壌学の教科書をみて頂きたい．カリウムイオンやアンモニウムイオンが2：1型粘土鉱物によって固定的に吸着されることは，どの本にも書かれている周知の事実である．

2. セシウム-137 とストロンチウム-90 の土壌中挙動

核分裂生成物のうち，大量に放出され，半減期が長く生物学的に最も危険視されているのは，セシウム-137 とストロンチウム-90 である．これら 2 種の放射性核種の土壌—植物系における挙動を明らかにするための研究が，多くの研究者によって実施されている．以下では主に，津村ら（1984）の総説を中心にして述べることにした．

2-1 セシウム-137 の固定

津村ら（1984）は，表 9 に示した土壌（2 mm 以下）と粘土鉱物の風乾物各 5 g を遠心分離管にとり，無担体のセシウム-137（無担体区）とセシウム担体 0.25 ミリグラム当量を含む（担体区）を各 30 nCi（ナノキュリー）（液量 30 mL）加えた．1 時間振とう後 1 昼夜静置し，遠心分離して得られた上澄液画分を水溶態画分とした．水抽出残渣に 1 M 酢酸アンモニウム溶液 30 mL を添加し，5 分間振とう後遠心分離して上澄液を集め，さらにこの操作を 2 回くり返して得られた上澄み液を合量したものと水溶態画分を合計して交換態画分とした．したがって，ここで言う交換態画分とは，水溶態画分と真の交換態画分の合量のことである．固定態画分は添加量から交換態画分量を差し引いて求

表 9　土壌および粘土鉱物によるセシウム-137 の固定（無担体・担体添加の比較）
(%)

土壌および粘土鉱物	水溶態 無担体	水溶態 担体添加	交換態 無担体	交換態 担体添加	固定態 無担体	固定態 担体添加
高田土壌	0.2	14.5	45.9	90.2	54.1	9.8
甲府土壌	0.3	30.4	39.8	94.8	60.2	5.2
盛岡土壌	0.7	38.4	42.8	97.2	57.2	2.8
モンモリロナイト	0.5	1.3	44.2	60.2	55.8	39.8
カオリナイト	6.1	73.2	99.1	95.8	0.9	4.2
アロフェン	4.3	45.4	79.4	93.2	20.6	6.8

津村ら（1984）

土壌および粘土鉱物各 5g にセシウム-137 だけを加える無担体と安定同位体セシウム 0.25mg 当量を加える担体を設けた．セシウム-137 はそれぞれ 30nCi（液量 30mL）加えた．

めた．用いた土壌の腐植含量は，高田土壌が4.2％，甲府土壌が4.1％，盛岡土壌が12.6％であり，高田土壌の主要な粘土鉱物はセシウムの固定をよくするモンモリロナイト，盛岡土壌の主要な粘土鉱物はアロフェンであった．

結果を表9に示した．担体区の水溶態セシウム-137の割合はモンモリロナイトを除き，いずれの土壌および粘土鉱物でも無担体区に比較して著しく高く，また交換態セシウム-137の割合も担体区で大幅に増加していた．カオリナイトに吸着されたセシウム-137は担体添加の有無にかかわらずほとんど全部が交換態画分で占められていた．土壌および粘土鉱物での固定態セシウム-137の割合は，担体添加によって一般に低下した．これは担体添加によるセシウム-137の希釈や担体として添加されたセシウムイオンとの交換反応によって，セシウム-137の固定量が減少したと考えられた．

土壌や粘土鉱物に固定されたセシウム-137は，その結晶構造を破壊するような処理をしなければ抽出され難い．そこで，熱硝酸連続抽出法を適用し，セシウム-137の抽出状況を調べ，抽出率の高いものほどセシウム-137の固定能が低いと判定した．その結果，セシウム-137の固定能の順位は粘土鉱物ではモンモリロナイト≫アロフェン＞カオリナイトであり，土壌では高田土壌≫甲府土壌≫盛岡土壌であることが示された．高田土壌が強いセシウム-137固定能を示す理由は，主要な粘土鉱物がモンモリロナイトであることが考えられる．逆に，盛岡土壌が低い固定能を示すのは，主要鉱物がアロフェンであるためと考えられた．モンモリロナイトがセシウムイオンを固定することについては，1-2ですでに述べた通りである．

なお，津村ら(1984)の実験では，先述のように水溶態セシウムは交換態セシウムに含ませてあるので，水溶態セシウム，交換態セシウム，および固定態セシウムの合量が100％を超えていることに注意していただきたい．

2-2 吸着・固定に及ぼす陽イオン添加の影響

土壌や粘土鉱物によるセシウム-137やストロンチウム-90の固定は，共存する陽イオンによって影響を受けると考えられる．そこで，津村ら(1984)は，2-1と同様に，遠心分離管を用いて各種陽イオンの共存がセシウム-137やス

トロンチウム-90の固定に及ぼす影響について調べた．

その結果，各種陽イオン添加が，セシウム-137の固定量の減少すなわち交換態セシウム量の増加に及ぼす影響は次の順序になった．

高田土壌：$Rb^+ ≒ Cs^+ ≫ NH_4^+ > K^+ > Ba^{2+} ≒ Sr^{2+} ≒ Na^+ ≒ Ca^{2+}$
　　　　　$≒ Mg^{2+} ≧ Cont.$

甲府土壌：$Rb^+ ≒ Cs^+ ≫ NH_4^+ > K^+ > Mg^{2+} ≒ Ca^{2+} ≒ Sr^{2+} ≒ Ba^{2+}$
　　　　　$≒ Na^+ ≒ Cont.$

盛岡土壌：$Rb^+ ≒ Cs^+ ≫ NH_4^+ > Mg^{2+} ≒ Ca^{2+} ≒ Sr^{2+} ≒ Ba^{2+} ≒ Na^+$
　　　　　$≒ K^+ ≧ Cont.$

であった．3土壌ともRb^+，Cs^+およびNH_4^+の添加効果が高かったが，K^+の添加効果は低かった．しかし，3-1で述べるように，カリウムイオンの添加が，稲によるセシウム-137吸収を抑制するという実験結果もある．なお，Cont. とは対照区のことであり，共存イオンを添加していない場合のセシウム-137の固定量である．

土壌中の固定態セシウム-137が減少すれば，交換態セシウム-137が増加するので，作物によるセシウム-137の吸収量が増加すると考えられる．

固定態ストロンチウム-90の割合は，無機質土壌である高田土壌および甲府土壌では同族元素であるSr^{2+}，Ca^{2+}またはBa^{2+}の添加だけでなく，他の陽イオン添加によっても低下した．腐植質土壌である盛岡土壌では，Sr^{2+}，Ca^{2+}またはBa^{2+}の添加によりやや低下する傾向がみられたが，他の陽イオンの添加によっては変化しないことが認められた．土壌別ではストロンチウム-90の固定量は盛岡土壌≫高田土壌＞甲府土壌の順になっていた．したがって，ストロンチウム-90は土壌腐植と複合体を形成して固定される傾向が強いと考えられた．各種陽イオン添加が，ストロンチウム-90の固定量の減少に及ぼす影響は次の順序になった．

高田土壌：$NH_4^+ ≒ Cs^+ ≒ Rb^+ ≒ K^+ ≒ Na^+ ≒ Ba^{2+} ≒ Sr^{2+} ≒ Ca^{2+}$
　　　　　$≒ Mg^{2+} > Cont.$

甲府土壌：$Ba^{2+} ≒ Sr^{2+} > Ca^{2+} > Mg^{2+} ≒ Na^+ ≒ K^+ ≒ Rb^+ ≒ Cs^+$
　　　　　$≒ NH_4^+ > Cont.$

盛岡土壌：$Ba^{2+} > Ca^{2+} ≒ Sr^{2+} > Mg^{2+} ≒ Na^+ ≒ K^+ ≒ Rb^+ ≒ Cs^+$
$≒ NH_4^+ ≧ Cont.$

であった．

2-3　吸着・固定に及ぼす pH の影響

　土壌のセシウム-137 やストロンチウム-90 の吸着能は土壌 pH によって影響されると考えられる．そこで，津村ら（1984）は，pH を変化させた土壌および粘土鉱物に添加したセシウム-137 とストロンチウム-90 の存在形態の検討を実施した．

　水溶態セシウム-137 の割合は高田土壌，甲府土壌で pH の影響を受けなかったが，盛岡土壌では pH の低下にともなって増加している．アロフェンでは水溶態セシウム-137 の割合は pH の影響を強く受けたが，モンモリロナイトとカオリナイトではこのような傾向は認められなかった．

　水溶態ストロンチウム-90 の割合は，土壌および粘土鉱物の pH の低下と共に増加（モンモリロナイトを除く）し，特に甲府土壌，アロフェン，カオリナイトでこの傾向が顕著に認められた．固定態ストロンチウム-90 の割合は，高田土壌，盛岡土壌および粘土鉱物で pH の影響をあまり受けなかったが，甲府土壌では pH 上昇にともなって増加する傾向が認められた．

　水溶態セシウム-137 の割合は，水溶態ストロンチウム-90 の割合に比べて土壌や粘土鉱物の pH による影響を受けないようである．また，固定態セシウム-137 の割合は，土壌およびモンモリロナイト以外の粘土鉱物の pH が低下すると減少し，pH が上昇すると増加する傾向が認められた．

2-4　各種有機物による吸着・固定

　津村ら（1984）は，4 種類の有機物とモンモリロナイトを含む高田土壌を用いて，セシウム-137 とストロンチウム-90 の吸着・固定について実験を行った．

　表 10 に示したように，水溶態セシウム-137 の割合は風乾稲わらで著しく高く，アルカリリグニンがこれに次ぎ，腐植酸と高田土壌では極めて低いことが示された．また，固定態セシウム-137 の割合はいずれの有機物でも高田土壌

表10　各種有機物によるセシウム-137とストロンチウム-90の吸着・固定

実験材料	pH A	pH B	Sr-90 水溶態	Sr-90 交換態	Sr-90 固定態	Cs-137 水溶態	Cs-137 交換態	Cs-137 固定態
			%	%	%	%	%	%
風乾稲わら	5.05	6.70	14.2	58.0	42.0	34.1	67.9	32.1
麦完熟堆肥	8.30	7.10	4.8	63.4	36.6	8.0	54.0	46.0
アルカリリグニン	9.10	7.31	2.7	70.1	29.9	12.2	68.8	31.2
腐　植　酸	2.80	5.84	3.1	17.1	82.9	0.7	48.1	51.9
高　田　土　壌	4.80	6.75	2.6	72.4	27.6	0.3	42.3	57.7

津村ら (1984)

A：実験供試時のpH
B：1M酢酸アンモニウム添加後のpH

より低いことが認められた．

　水溶態ストロンチウム-90の割合は，風乾稲わらで高く，他の資材では高田土壌と同程度の低い値を示した．固定態ストロンチウム-90の割合は，いずれの有機物でも高田土壌より高く，特に腐植酸では著しく高い値が認められた．このことは，多量の腐植を含む盛岡土壌のように，ストロンチウム-90の固定に対する土壌有機物の役割が大きいことを示していると考えられた．

2-5　固定に及ぼす湛水処理の影響

　水稲によるセシウム-137やストロンチウム-90の吸収量を検討するためには，湛水条件下における両放射性核種の挙動を知る必要がある．津村ら (1984) は，高田土壌を用いて室内実験を実施した．温度処理は5℃と30℃とした．無処理区は両放射性核種を土壌に添加後，直ちに形態分析を実施し，温度処理区では1, 2, 3週間後に形態分析を実施した．結果は表11A，表11Bに示した．
　水溶態セシウム-137の割合は5℃処理区と30℃処理区で差異が認められなかったが，固定態セシウムの割合は30℃処理区＞5℃処理区＞無処理区の順であり，処理期間が長いほど増加する傾向が認められた．これらの結果から，セシウム-137は土壌に投与後速やかに固定され，固定量は経時的に増加することが示された．
　水溶態ストロンチウム-90の割合は，無処理区と5℃処理区とで差がなく，

表 11A 湛水土壌中セシウム-137の固定に及ぼす温度の影響

Cs-137の形態	無処理区（%）	低温処理区（%） 1週間	2週間	4週間	高温処理区（%） 1週間	2週間	4週間
水溶態	0.2	0.1	0.1	0.2	0.5	0.9	0.8
交換態	51.9	47.5	45.5	40.3	28.7	23.9	20.3
固定態	48.1	52.5	54.5	59.7	71.3	76.1	79.7

表 11B 湛水土壌中ストロンチウム-90の固定に及ぼす温度の影響

Sr-90の形態	無処理区（%）	低温処理区（%） 1週間	2週間	4週間	高温処理区（%） 1週間	2週間	4週間
水溶態	2.7	2.5	3.1	3.1	9.8	13.1	15.5
交換態	90.7	91.0	90.7	98.0	86.4	84.3	94.4
固定態	9.3	9.0	9.3	2.0	13.6	15.7	5.6

津村ら（1984）

低温処理区：5℃
高温処理区：30℃

投与量の2.5～3.1%であったのに対し，30℃処理区では無処理区より著しく増加し，この傾向は処理期間が長いほど顕著であった．固定態ストロンチウム-90の割合は，処理期間が短い場合には5℃処理区と無処理区では差が無く，処理時間が長くなると減少した．一方，30℃処理区の固定態ストロンチウム-90の割合は，1，2週間処理では無処理区より増加したが，4週間処理では無処理区より減少することが認められた．結局，ストロンチウム-90の固定は5℃処理区より30℃処理区で促進され，いったん固定されたストロンチウム-90は長時間処理によって減少した．その理由は，湛水にともなって生成されたNH_4^+が固定されたストロンチウム-90の放出を促したためと考えられる．

2-6 雨水による溶脱

地表に落下し，土壌に取り込まれた放射性核種は灌漑水や雨水によって下方へ移動する．その移動速度は放射性核種と土壌の性質によって異なる．そこで，津村ら（1984）は，高田土壌，甲府土壌，盛岡土壌を直径3.1 cmのガラス製カラムに土壌を3 cmの高さに充填し，セシウム-137とストロンチウム-90の混

液を土壌表面に添加吸着させ,雨水 2000 mL を自然流速および 1.6 cm/時間の流速一定条件 (5333 mm 雨量相当) で流下させた.結果は表 12 に示した.

流下処理後,0～5 mm の層に残留したセシウム-90 は,高田土壌,甲府土壌で約 95％以上残留し,土壌有機物含量が多くまた主要な粘土鉱物がアロフェンである盛岡土壌でも 70～85％が残留していた.この実験結果から,セシウム-137 が移動し難いことが判る.

ストロンチウム-90 は,セシウム-137 より移動速度が速く,20～30 mm の層にまで達していた.腐植含量の多い盛岡土壌の移動速度が最も遅く,土壌により強く吸着していると考えられた.

以上の実験結果は,土壌中においてセシウム-137 はストロンチウム-90 より溶脱速度が遅いことを示している.しかし,実際の農用地では耕転によって,セシウム-137,ストロンチウム-90 は作土にほぼ均一に分布する.

表 12　土壌中セシウム-137 とストロンチウム-90 の雨水による溶脱

(各層中存在量%)

土壌名	層位	自然流下 Sr-90	自然流下 Cs-137	流下速度コントロール* Sr-90	流下速度コントロール* Cs-137
高田土壌	0～5 mm	24.3	96.8	32.6	98.5
	5～10	41.5	2.7	42.3	1.3
	10～20	29.7	0.5	21.1	0.2
	20～30	4.5	0.0	4.0	0.0
甲府土壌	0～5	3.7	95.5	6.3	94.1
	5～10	26.9	2.9	22.2	5.0
	10～20	44.7	1.4	41.1	0.6
	20～30	24.7	0.2	30.4	0.3
盛岡土壌	0～5	17.8	71.9	28.6	85.4
	5～10	70.3	26.5	60.1	14.0
	10～20	10.4	1.4	10.0	0.5
	20～30	1.5	0.2	1.3	0.1

自然流下速度:高田土壌 1.60 cm/時間,甲府土壌 3.25 cm/時間,盛岡土壌 4.90 cm/時間
*1.6 cm/時間 (5333 mm の雨量に相当)

津村ら (1984)

3. 土壌中セシウム-137 とストロンチウム-90 の水稲による吸収とその対策

セシウム-137 やストロンチウム-90 が作物に吸収される経路は，①放射性降下物が作物の地上部から吸収される直接吸収と，②作物の根から吸収される間接吸収の2種類がある．①はさらに葉面吸収，花面吸収，基部吸収に分けられる．

福島第一原発大事故後しばらくは大気降下物による直接吸収が多いが，放射性物質の放出が減少・停止した後は，土壌からの吸収となると考えられる．

そこで，津村ら (1984) によって，土壌中のセシウム-137 とストロンチウム-90 の水稲の吸収について述べることにする．

3-1 根からの吸収とその抑制

津村ら (1984) は，荒川沖積土壌 (旧農業技術研究所，現農業環境技術研究所におけるポット試験でよく用いられていた土壌，未耕地，土性 CL (埴壌土)，pH(H_2O) 6.1, 陽イオン交換容量 14.0 mg 当量) によるポット試験を行った．各ポットには土壌を 3 kg (浅見注：おそらく乾土換算) 詰めた．肥料はポット当たり塩化アンモニウム 2.1 g，リン酸 1 ナトリウム 2.9 g，塩化カリウム 1.2 g (ただし -K 区は 0 g) を施用した．処理区は，無カリウム (-K) 区，炭酸カルシウム (炭カル) 5, 10, 30 g 区，堆肥 100, 300 g 区の 6 区であった．セシウム-137 の結果は表 13 A に，ストロンチウム-90 の結果は表 13 B に示した．

水稲地上部のセシウム-137 濃度は，ポットあたりの全放射能によれば，カリウム無添加区で対照区より約 13 倍高く，カリウム施用がセシウム-137 の吸収抑制に極めて効果的であることが判った．堆肥施用もセシウム-137 の吸収抑制効果が高かったことは，堆肥中に含まれているカリウムによると考えられた．炭酸カルシウム施用は効果が認められなかった．

稲地上部から玄米にセシウム-137 がどれだけ移行したかを示す玄米移行率には，処理区間差は認められないが，吸収率と玄米濃縮係数はカリウム無添加区が対照区に比べて著しく高かった．

表13A 各種肥料添加処理水稲によるセシウム-137の吸収および玄米への濃縮

処理区	地上部全放射能/pot	吸収率	同指数	玄米放射能/g	玄米移行率	玄米濃縮係数
	cpm	%		cpm	%	
対 照 区	3973	0.065	100	57	15.68	2.78×10^{-2}
－ K 区	50454	0.820	1262	488	13.85	2.38×10^{-1}
炭カル 5g区	3996	0.065	100	47	13.51	2.29×10^{-2}
炭カル 10g区	4394	0.072	111	56	14.27	2.73×10^{-2}
炭カル 30g区	4131	0.067	103	59	19.61	2.88×10^{-2}
堆肥 100g区	1731	0.028	43	28	17.10	1.36×10^{-2}
堆肥 300g区	891	0.015	23	12	12.57	0.59×10^{-2}

全投与量：6.15×10^6 cpm/pot

表13B 各種肥料添加処理水稲によるストロンチウム-90の吸収および玄米への濃縮

処理区	地上部全放射能/pot	吸収率	同指数	玄米放射能/g	玄米移行率	玄米濃縮係数
	cpm	%		cpm	%	
対 照 区	49646	0.62	100	67	1.46	2.49×10^{-2}
－ K 区	71048	0.88	141.9	56	1.12	2.08×10^{-2}
炭カル 5g区	48243	0.60	96.8	42	1.02	1.56×10^{-2}
炭カル 10g区	61613	0.76	122.6	47	0.86	1.75×10^{-2}
炭カル 30g区	36593	0.45	72.6	50	1.91	1.86×10^{-2}
堆肥 100g区	51742	0.64	103.2	65	1.32	2.42×10^{-2}
堆肥 300g区	45723	0.57	91.9	63	1.29	2.34×10^{-2}

全投与量：8.07×10^6 cpm/pot

津村ら（1984）

原注）吸収率：｛(地上部全放射能/ポット)÷全投与量｝×100（％）
　　　玄米移行率：｛(玄米放射能/ポット)÷(地上部全放射能/ポット)｝×100（％）
　　　玄米濃縮係数：(玄米放射能/g)÷(全投与量/g)
浅見注）玄米放射能/ポットと全投与量/gは次の値を使って計算で求める．
　　　土壌充填量：3kg(DW)/ポット
　　　玄米収量（g/ポット）：対照区 10.91，－K区 14.30，炭カル 5g区 11.71，
　　　炭カル 10g区 11.32，炭カル 30g区 13.80，堆肥 100g区 10.65，堆肥 300g区 9.34
　　　cpm: counts per minute

水稲によるストロンチウム-90の吸収率は0.45〜0.88％であり，処理間差は少なく，炭酸カルシウム30g区で0.45％と最小値を示した．ストロンチウム-90の玄米移行率は0.86〜1.91％であり，セシウム-137の玄米移行率（12.57〜19.61）の約10分の1であった．また，地上部全放射能/ポットを玄米放射能/ポットで割った値の平均値（最小値〜最大値）はセシウム-137で6.7（5.1〜8.0），ストロンチウム-90で82（53〜116）であり，セシウム-137よりストロンチウム-90の方が約12倍高かった．

3-2　陽イオン添加の影響

　次に，津村ら（1984）は，水耕栽培によってセシウム-137とストロンチウム-90の吸収に及ぼす各種陽イオン添加の影響について検討した．

　セシウム-137の吸収実験の場合の共存イオンには，カリウムイオン，アンモニウムイオンおよびセシウムイオンを用いた．

　カリウムイオンはセシウムイオンと同程度の高いセシウム-137吸収抑制効果を示し，アンモニウムイオンもセシウム-137吸収に抑制的に働くことが認められたが，セシウムイオンやカリウムイオンほどは抑制効果が高くないことが判った．また，各イオンとも添加量の増加と共にセシウム-137の吸収に対する抑制効果が増大した．

　ストロンチウム-90の吸収実験の場合の共存イオンには，ナトリウムイオン，カリウムイオン，アンモニウムイオン，マグネシウムイオン，カルシウムイオン，ストロンチウムイオンおよびバリウムイオンを用いた．

　ストロンチウム-90の吸収は，同族元素であるバリウムイオン，ストロンチウムイオン，カルシウムイオンの添加によって著しく抑制され，共存イオンを増加させるとさらに抑制効果が増大した．アンモニウムイオンもこれら3種のアルカリ土類金属による抑制効果とほぼ同様のストロンチウム-90の吸収抑制効果を示した．ストロンチウム-90の吸収はカリウムイオンやマグネシウムイオンの添加によってもかなり減少したが，ナトリウムイオン添加の効果は認められなかった．

3-3 吸収率の経年変化

津村ら（1984）が，盛岡土壌，高田土壌，甲府土壌および砂土（腐植と粘土画分が著しく少ない）を用いて，3年間にわたってポット試験によりセシウム-137とストロンチウム-90の吸収率について検討した．5000分の1アールのポットにこれらの土壌を2.2 kgずつ詰め，各ポットに硫酸アンモニウム3.0 g，過リン酸石灰10.0 gおよび塩化カリウム1.2 gを施用した．なお，砂土には酸性白土50 gとEDTA-鉄0.5 gを添加した．各ポットにはセシウム-137とストロンチウム-90をそれぞれ20マイクロキュリーずつ同時に添加し，湛水後十分に撹拌してから，水稲（農林29号）を移植した．試験結果は表14に示した．

各土壌とも年次と共に両放射性核種の吸収率は減少した．4種土壌平均の吸収率は，セシウム-137は1, 2, 3年目でそれぞれ0.49, 0.13, 0.08（%）であり，ストロンチウム-90ではそれぞれ0.45, 0.31, 0.25（%）であった．このように年次が進むにつれて吸収率が低下した．盛岡土壌においてはセシウム-137の吸収率が他の土壌に比べて高かった．このことは，腐植に富み粘土鉱物がアロフェンであるので，先述のようにセシウム-137の固定力が弱かったためであると考えられる．

経年的に吸収率が減少するという以上の結果は，セシウム-137およびストロンチウム-90が，水溶態あるいは交換態から次第に固定態に移行したと考えられる．

表14　水稲によるセシウム-137とストロンチウム-90の吸収率の経年変化（%）

土壌名	セシウム-137 第1年目	第2年目	第3年目	計	ストロンチウム-90 第1年目	第2年目	第3年目	計
盛岡土壌	1.35	0.291	0.172	1.81$_3$	0.47	0.31	0.24	1.02
高田土壌	0.15	0.037	0.032	0.21$_9$	0.42	0.36	0.28	1.06
甲府土壌	0.32	0.079	0.073	0.47$_2$	0.57	0.32	0.29	1.18
砂　土	0.13	0.103	0.040	0.27$_3$	0.34	0.26	0.20	0.80
平　均	0.49	0.128	0.079	—	0.45	0.31	0.25	—

津村ら（1984）

3-4 水稲の直接汚染

　すでに述べたように，作物の直接汚染経路は次の3種であると考えられている．①葉面吸収：葉面に付着した放射性物質がそこから吸収されるもので，葉菜類や牧草で認められる．②花からの吸収：開花期に放射性物質が花に降下し，そこで吸収されるもので，稲や麦類で認められる．③基部吸収：田面水や土壌表面の放射性降下物が水稲基部から吸収されるものである．

　福島第一原発大事故による放射性核種の排出はやがて終息し，水稲を始めとする各種作物による放射性核種の吸収は経根吸収によって行われると考えられる．そこで，大気降下放射性核種の直接吸収については簡単に述べることにする．

　津村ら(1984)による大気圏核爆発実験による放射性核種についての調査によって，セシウム-137とストロンチウム-90の降下量の多い年の水稲子実汚染は直接汚染経路の寄与が高いとの結果が得られた．

　セシウム-137とストロンチウム-90はこの3つの経路のいずれによっても水稲によって吸収された．

　基部(葉鞘)にセシウム-137とストロンチウム-90を投与すると，体内に取り込まれたセシウム-137は他の器官に容易に移行するが，ストロンチウム-90は大部分移動せずに投与部に残留していた．

　葉面にセシウム-137とストロンチウム-90を同時に投与した場合の玄米中セシウム-137濃度は，ストロンチウム-90濃度より著しく高くなった．また，セシウム-137は体内の移動が容易なため，生育の比較的初期に取り込まれても子実へ多量移行するが，ストロンチウム-90は体内移動が少ないため生育後半に取り込まれた場合ほど子実汚染への寄与が大きくなることが認められた．

　開花中の顕花からセシウム-137とストロンチウム-90を取り込ませた場合，セシウム-137の方がストロンチウム-90よりも子実へ大量に移行し，また，子実中の両放射性核種の濃度は基部や葉面から取り込んだ場合より著しく高くなることが示唆された．

4．各種作物による土壌中セシウム-137と
   ストロンチウム-90の移行係数

作物中放射性核種Xの濃度を土壌中放射性核種Xの濃度で割った商を放射性核種Xの移行係数という．移行係数は土壌の性質，気候条件，作物の種類と生育状況によって異なると考えられる．ある放射性核種の土壌中濃度が判れば，作物（植物）中濃度も推定可能であり，ある汚染土壌でどの作物を栽培するかが問題にされるときに，移行係数は栽培する作物の選択に対して有益な情報を与える．また，将来行われる可能性がある植物を使った汚染土壌修復の際にも，放射性核種を大量に吸収する植物を知ることは重要であり，この場合にも移行係数は有力な情報を与える．

そこで，若干の作物の移行係数についての研究について述べ，次にIAEA (2010)による土壌から作物等へのセシウム-137とストロンチウム-90の移行係数（Transfer Factor）および農林水産省が発表した「農地土壌中の放射性セシウムの野菜類及び果実類への移行係数」を紹介する．最後に，以前に公表された原子力環境整備センター（1988）による移行係数についても紹介する．

4-1 土壌から作物への移行係数

白米：駒村・津村（1994）は，全国の国公立農業試験場15機関の水田圃場の土壌とそこで生産された米を1957年から毎年送付して貰った．その中で，放射性大気降下物が極めて少なく直接汚染がほぼ無視できると推定された米と土壌を分析して，セシウム-137とストロンチウム-90の移行係数を求めた．土壌は乾土当たり，白米は現物（風乾物）当たりで計算したものと考えられる．

その結果，セシウム-137の土壌から白米への移行係数の平均値は，火山性土（n=5）で0.0028，非火山性土（n=10）で0.0025，全試料（n=15）で0.0026であり，火山性土と非火山性土での移行係数には差がなかった．

また，ストロンチウム-90の移行係数の平均値は，火山性土（n=5）で0.0028，非火山性土（n=10）で0.0044，全試料（n=15）で0.0038であり，

火山性土の方が非火山性土より移行係数が低い傾向が認められた．なお，安定同位体の移行係数より3～5倍大きかった．

　Tsukada et al. (2002) は青森県内の20カ所の水田から作土とそこで生産された白米を集めて分析した．土壌も米も共に，乾物当たりで計算した．セシウム-137の移行係数の幾何平均値は0.0016であり，95%信頼限界は0.00021～0.012であった．セシウム-137の移行係数は安定同位体の移行係数（0.00056）より約3倍高かった．

　Tsukada et al. (2005) は，試験圃場を用いてストロンチウム-90の土壌から白米への移行係数を求めた．試験圃場は，10m×15m，土壌は黒ボク土，土性は軽埴土（LiC）であった．0～5cmの土壌を採取した．移行係数は0.0021であった．

ジャガイモ：Tsukada and Nakamura (1999) は，青森県中の26圃場から土壌作土表層5cmとジャガイモを採取し，セシウム-137の分析を行った．土壌もジャガイモも共に，乾物当たりで計算した．幾何平均値（最小値～最大値）はセシウム-137では0.030（0.0037～0.16）であり，安定同位体では0.0075（0.00052～0.080）であった．

牧草－牛乳：Tsukada et al. (2003) は，青森県内25カ所の牧草地から土壌と牧草を採取し，牛乳は牧草地帯の16カ所から集めた．セシウム-137について，土壌と牧草は乾物当たりで計算し，牛乳は新鮮物重当たりで計算した．土壌から牧草への移行係数の幾何平均値は0.13であり，95%信頼限界は0.017～0.98であった．また，牧草から牛乳への移行率（Transfer coefficient）の幾何平均値は0.0027であり，95%信頼限界は0.00017～0.042であった．

各種作物：Tsukada and Nakamura (1998) は，青森県内の150カ所の農場で採取した土壌と作物について31元素の移行係数を求めた．用いた元素は安定同位体であった．土壌は5cmの深さまで採取した．土壌は乾土（DW）当たり，作物は可食部の生重（FW）当たりで計算した．ここでは，セシウムとストロンチウムについての移行係数を紹介する．安定同位体は古くから土壌中に存在しており，新たに土壌に侵入した放射性降下物よりも移行係数が

低いようである．

セシウム：ジャガイモ（n＝24）0.0015，ニンニク（n＝5）0.0012，ダイコン（n＝12）0.00049，ニンジン（n＝7）0.00093，ヤマイモ（n＝4）0.00064，トマト（n＝18）0.00047，キュウリ（n＝11）0.00054，メロン（n＝4）0.0010，カボチャ（n＝3）0.0010，キャベツ（n＝8）0.00063，ハクサイ（n＝6）0.0013，牧草（pasture grass）（n＝25）0.022．

ストロンチウム：ジャガイモ（n＝5）0.0025，ニンニク（n＝5）0.0048，ダイコン（n＝7）0.0082，ニンジン（n＝6）0.0080，ヤマイモ（n＝1）0.0055，トマト（n＝4）0.0025，キュウリ（n＝10）0.0025，メロン（n＝3）0.0023，カボチャ（n＝2）0.0066，キャベツ（n＝3）0.038，ハクサイ（n＝1）0.018，牧草（n＝9）0.27．

4-2 IAEAによる

IAEA（2010, p.41〜67）には，多くの放射性核種の土壌から植物への移行係数について述べられている．このハンドブックは温暖気候地域における1100以上の情報源を元に作られた．土壌から植物への放射性核種の移行係数は，植物中の乾物重量当たりの濃度に対する土壌の乾物重量当たりの濃度の比と定義した．ただし，果実には乾燥重濃度を使わなかった．乾燥重量から新鮮重への変換係数は掲載されている．土壌採取の深さは，牧草地では10cm，他の作物では20cmであった．移行係数に用いた土壌中濃度は，放射性核種の可溶性形態（soluble form）のものである．なお，Appendix I（p.163〜164）には，多くの作物についての乾物濃度が掲載されているが，移行係数の表には穀類，葉菜のような植物群名で書かれているので直接には使用できない．

参考のために，Apendix Iの表のうち，「表82 植物中固形物含量」の若干を引用する．

冬ライ麦：23％（種実87％），コムギ：18％（種実88％），オート麦：28％（種実87％，オオムギ：34％（種実87％），トウモロコシ：19％（種実85％），アルファルファ：26％，レッドクローバー：22％，ラジノクローバー：26％，キャベツ：12％，レタス：8.0％，ホウレンソウ：8.0％，セルリー：6.0％，カリフラワー：

表 15　温暖環境下におけるセシウムの土壌から植物への移行係数

植物群	植物部位	N	平均値	最小値	最大値
穀　物	穀　粒	470	0.029	0.00020	0.90
	茎　葉	130	0.15	0.0043	3.7
トウモロコシ	粒	67	0.033	0.0030	0.26
	茎　葉	101	0.073	0.0030	0.49
葉　菜	葉	290	0.060	0.00030	0.98
非葉菜	果実, 穂, ベリー, 芽	38	0.021	0.00070	0.73
豆科野菜	種子, さや	126	0.040	0.0010	0.71
根　菜	根	81	0.042	0.0010	0.88
	葉	12	0.035	0.0060	0.45
塊　茎	塊　茎	138	0.056	0.0040	0.60
牧草 (grasses)	茎　葉	64	0.063	0.0048	0.99
豆科牧草	茎　葉	85	0.16	0.010	1.8
牧草 (pasture)	茎　葉	401	0.25	0.010	5.0
ハーブ	茎　葉	4	0.066	0.0048	2.8
他の作物	—	9	0.31	0.036	2.2
樹木 (woody tree) の果実		15	0.0058	0.00086	0.080
灌木 (shrubs) の果実		6	0.0021	0.00069	0.0057
草本植物 (herbaceous plants) の果実		8	0.0029	0.00041	0.0089

IAEA (2010) p.47～48, 66 から作成

$$\text{移行係数} = \frac{\text{植物中の乾物重量当たりの濃度}}{\text{植物中の乾物重量当たりの濃度}}$$

11％，トマト：6.0％，キュウリ：5.0％，カボチャ：7.5％，二十日大根：9.0％，ニンジン：14％，ジャガイモ：21％などの値が掲載されている．100％からこの固形物含量（％）を差し引くと水分％が求められる．

　さて，「表 17　温暖気候：土壌から植物への移行係数」に掲載されている放射性核種は 38 種以上あり，各作物群について砂質土壌，壌質土壌，粘土質土壌，有機質土壌，全土壌別に値が書かれているが，放射性セシウム（表 15）と放射性ストロンチウム（表 16）について全土壌の移行係数のみを採録した．

　セシウムの移行係数の平均値をみると，牧草（pasture），豆科牧草，穀物の茎葉が高い．穀粒は 0.029, トウモロコシ粒は 0.033, 葉菜は 0.060, 塊茎は 0.056

表16　温暖環境下におけるストロンチウムの土壌から植物への移行係数

植物群	植物部位	N	平均値	最小値	最大値
穀　物	穀　粒	282	0.11	0.0036	1.0
	茎　葉	37	1.1	0.15	9.8
トウモロコシ	粒	39	0.32	0.0020	2.6
	茎　葉	36	0.73	0.12	3.0
葉　菜	葉	217	0.76	0.0039	7.8
非葉菜	果実, 穂, ベリー, 芽	19	0.36	0.0071	7.9
豆科野菜	種子, さや	148	1.4	0.13	6.0
根　菜	根	56	0.72	0.030	4.8
塊　茎	塊　茎	106	0.16	0.0074	1.6
牧草（grasses）	茎　葉	50	0.91	0.25	2.8
豆科牧草	茎　葉	35	3.7	1.3	18
牧草（pasture）	茎　葉	172	1.3	0.056	7.3
ハーブ	茎　葉	1	4.5		
他の作物	—	9	0.88	0.020	8.2
樹木（woody tree）の果実		18	0.017	0.0012	0.070
灌木（shrubs）の果実		9	0.044	0.014	0.11
草本植物（herbaceous plants）の果実		8	0.033	0.012	0.21

IAEA（2010）p.57〜58, 67から作成

などとなっている．樹木等の果実はこれらの値より一桁低い．

　ストロンチウムの移行係数の平均値は，ハーブ，豆科牧草，豆科野菜，穀物の茎葉で高い．穀粒は 0.11，トウモロコシ粒は 0.32，葉菜は 0.76，根菜は 0.72などであった．樹木等の果実はこれらの値より一桁低い．

　なお，次に紹介する農林水産省が 2011 年 5 月 27 日に発表した「農地土壌中の放射性セシウムの野菜類及び果実類への移行係数」では，野菜等は新鮮重（FW）で計算しているので，IAEA（2010）の値よりかなり低くなっている．

4-3　農林水産省による

　農林水産省は，2011 年 5 月 27 日に「農地土壌中の放射性セシウム濃度の野

表17 農地土壌中の放射性セシウムの野菜および植物への移行係数

(農林水産省)

1 野菜類

分類名	農作物名	科名	移行係数 幾何平均値	範囲（最小値－最大値）	備考
葉菜類	ホウレンソウ	アカザ科	0.00054	—	1 論文に掲載された幾何平均値を転記
	カラシナ	アブラナ科	0.039	—	2 論文から得られた2個のデータから算出
	キャベツ		0.00092	0.000072－0.076 [指標値：0.0078]	5 論文から得られた58個のデータから算出
	ハクサイ		0.0027	0.00086－0.0074	2 論文から得られた5個のデータから算出
	レタス	キク科	0.0067	0.0015－0.021	2 論文から得られた14個のデータから算出
果菜類	カボチャ	ウリ科	—	0.0038－0.023	1 論文から得られた4個のデータから算出
	キュウリ		0.0068	—	1 論文に記載された1個のデータを転記
	メロン		0.00041*	—	1 論文に記載された算術平均値を転記
	トマト	ナス科	0.00070	0.00011－0.0017	3 論文から得られた8個のデータから算出
果実的野菜	イチゴ	バラ科	0.0015	0.00050－0.0034	1 論文から得られた7個のデータから算出
マメ類	ソラマメ	マメ科	0.012	—	1 論文に記載された幾何平均値を転記
鱗茎類	タマネギ	ユリ科	0.00043	0.000030－0.0020	2 論文から得られた13個のデータから算出
	ネギ		0.0023	0.0017－0.0031	1 論文に記載された各植を転記
根菜類	ダイコン	アブラナ科	—	0.00080－0.0011	2 論文から得られた2個のデータを転記
	ニンジン	セリ科	0.0037	0.0013－0.014	2 論文から得られた13個のデータから算出
	ジャガイモ	ナス科	0.011	0.00047－0.13 [指標値：0.067]	6 論文から得られた49個のデータから算出
	サツマイモ	ヒルガオ科	0.033	0.0020－0.36	3 論文から得られた14個のデータから算出

＊算術平均値

(参考) 加工用野菜

分類名	農作物名	科名	移行係数 幾何平均値	移行係数 範囲(最小値−最大値)	備考
根菜類	テンサイ	アカザ科	0.047	0.0060−0.15	1論文から得られた24個のデータから算出

2　果実類

分類名	農作物名	科名	移行係数 幾何平均値	移行係数 範囲(最小値−最大値)	備考
樹木類	りんご	バラ科	0.0010	0.00040−0.0030	1論文から得られた16個のデータから算出
樹木類	ぶどう	ブドウ科	0.00079*	−	1論文に記載された算術平均値を転記
低木類	ブラックカラント	スグリ科	0.0032	0.0021−0.0052	1論文から得られた8個のデータから算出
低木類	グースベリー	スグリ科	0.0010	0.00060−0.0014	1論文から得られた9個のデータから算出

＊算術平均値
　土壌は乾物重量当たりの濃度．作物は新鮮重量当たりの濃度で計算．

菜類及び果実類への移行係数」を発表した（表17）．説明書によれば，国際機関の報告書や国内外の科学論文で報告された移行係数のうち，日本の気候に近い地域で実施された圃場試験で，地表から10cmないし地表から20cmまでの深さ（作土）を対象としたデータを用いたとのことである．幾何平均値，最小値，最大値が示されている．この場合の移行係数は次のように定義されている．

　　移行係数＝（農作物中のCs-137濃度，Bq/kgFW）
　　　　　　÷（土壌中のCs-137濃度，Bq/kgDW）
　　ただし，FWは新鮮重，DWは乾燥重．

白米については，すでに稲作制限を決めたときに，移行率を0.1にしているので，表17に入れなかったようである．しかし，4-1.で紹介したように，白米の移行係数は0.1よりかなり低く，0.1という移行係数はかなり安全率を見込んだものと考えられる．

4-4 原子力環境整備センターによる

　原子力環境整備センター（現 原子力環境整備・資金管理センター）から，「環境パラメーターシリーズ」として7種類の報告書が出版されている．その中の「環境パラメーターシリーズ1」が「土壌から農作物への放射性物質の移行係数」（原子力環境整備センター，1988）であり，64頁の報告書である．

　この報告書での移行係数の定義は，

　移行係数＝｛農作物（一般に可食部）中の放射性核種濃度｝
　　　　　　÷（土壌中の放射性核種濃度）

となっている．農作物中放射性核種濃度は生重（FW）当たり，土壌中放射性核種濃度は乾重（DW）当たりである．

　ここでも多くの元素についての移行係数が掲載されているが，原子力環境整備センターでまとめたセシウムとストロチウムについての移行係数を紹介する．

セシウム：米；0.04〜0.6，米以外の穀類；0.0003〜0.06，イモ類；0.002〜0.008，
　根菜類；0.008〜0.1，葉菜類；0.001〜0.8，種実類；0.005〜0.1

ストロンチウム：米；0.005〜0.03，米以外の穀類；0.02〜1，イモ類；0.01，
　葉菜類；0.04〜0.3，果菜類；0.004，種実類；0.02〜0.2

　米におけるセシウムの移行係数はだいぶ高いようである．

なお，米は玄米，白米．

　米以外の穀類は小麦，大麦，ライ麦，カラス麦およびこれら麦の粉．

　イモ類はジャガイモ，サツマイモ，サトイモ．

　根菜類はニンジン，タマネギ，ハツカダイコン（根）．

　葉菜類はキャベツ，ホウレンソウ，サラダナ．

　果菜類はトマト，キュウリ，ピーマン．

　種実類は大豆，グリーンピース，トウモロコシ．

である．

5. 放出されたセシウム-137 とストロンチウム-90 の土壌と作物中濃度の推移

農業環境技術研究所（旧 農業技術研究所）では長期間にわたって，大気圏内核爆発実験によって放出されたセシウム-137 とストロンチウム-90 による農用地土壌と作物中汚染濃度の推移について調査研究してきた．その結果について紹介する．

5-1 水田土壌中の推移

Komamura et al. (2005) および駒村ら (2006) は，全国の農林水産省および都道府県の農業試験研究機関の圃場を観測用圃場に定め，1959 年から 2000 年に至るまで，水田土壌と畑土壌と，そこで生産された玄米および玄麦を送ってもらって，セシウム-137 およびストロンチウム-90 を分析した．二つの総説の内容はほぼ同一であるが，Komamura et al. (2005) には付録として 26 頁にわたって具体的なデータが掲載されている．

水田は北海道から福岡にいたる 19 圃場，畑は同じく 13 圃場であった．土壌は水稲や小麦のセシウム-137 とストロンチウム-90 の吸収と関係が深いと考えられる 0～10cm ないし 0～25cm の作土層を採取し，生土のまま送ってもらった．観測圃場は途中で若干の変更があった．

Komamura et al. (2005) による水田土壌中のセシウム-137 およびストロンチウム-90 濃度について，全量濃度および交換態濃度（1M 酢酸アンモニウム浸出法）の経年推移を図 14 と図 15 に示した．これらの値は Bq/kgDW で表示されている．なお，縦軸は対数目盛である．

図 14，図 15 に示したように，1962～1964 年に米国，旧ソ連，その他の国による大型の大気圏内核爆発実験が行われ，その後 1980 年まで中国・フランスによる大気圏内核爆発実験が行われた．

大気圏内大型核爆発実験が盛んに行われていた 1963 年の全セシウム-137 濃度の平均値（最小値～最大値）は，38.9（7.3～100）Bq/kgDW であり，最小値は大阪府羽曳野市，最大値は新潟県上越市であった．セシウム-137 濃度はそ

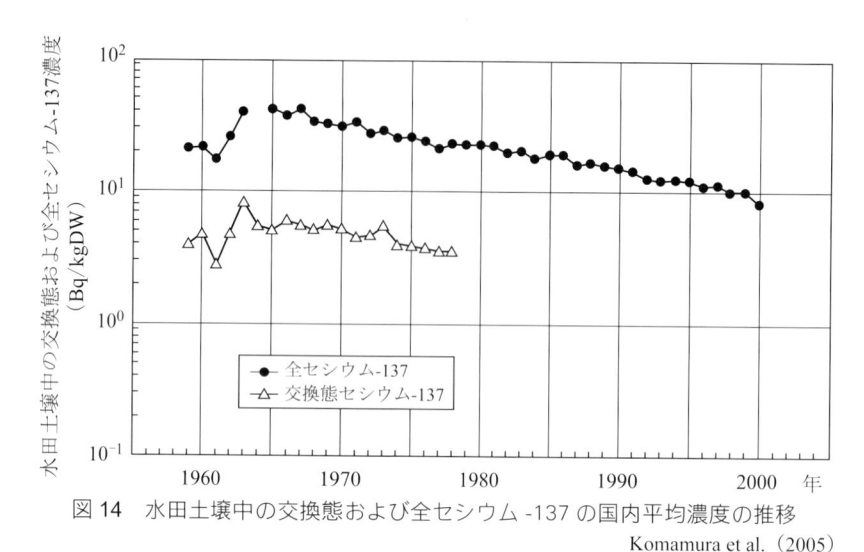

図14 水田土壌中の交換態および全セシウム-137の国内平均濃度の推移

Komamura et al.（2005）

＊全国の農林水産省および都道府県の農業試験研究機関の圃場の水田土壌
　北海道：札幌，秋田：秋田・大曲，新潟：上越，石川：野々市・金沢，鳥取：鳥取，岩手：盛岡，宮城：名取，茨城：水戸・つくば，埼玉：鴻巣，東京：立川，山梨：甲府・双葉，大阪：羽曳野，岡山：岡山・山陽，福岡：筑紫野

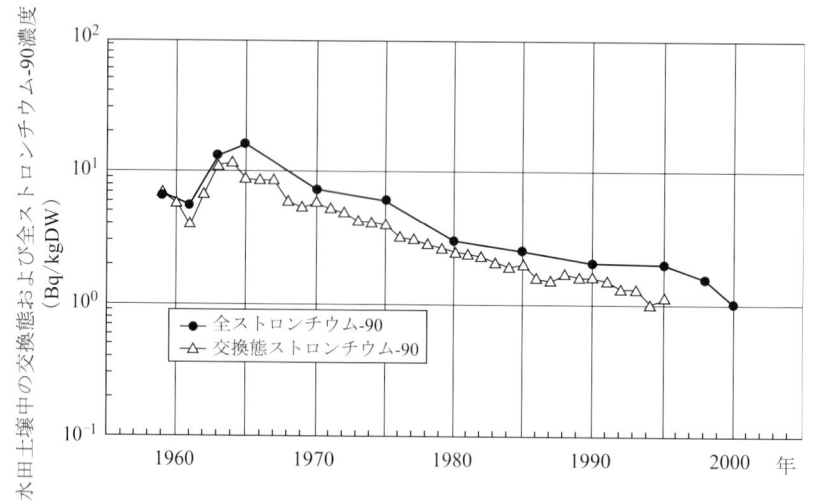

図15 水田土壌中の交換態および全ストロンチウムの国内平均濃度の推移

Komamura et al.（2005）

の後減少し,調査最終年である2000年の平均値(最小値〜最大値)は8.37(0.86〜23.1) Bq/kgDWであり,最小値は北海道札幌市,最大値は新潟県上越市であった.1959〜1978年における年度別の交換態/全量比の平均値(最小値〜最大値)は0.15(0.10〜0.23)であり,経年的に比率が低くなる傾向が認められ,時間の経過と共に作物に吸収されやすい交換態画分が減少したと考えられた.

次に,大気圏内大型核爆発実験が盛んに行われていた1963年の全ストロンチウム-90濃度の平均値(最小値〜最大値)は13.7(3.1〜26.9) Bq/kgDWであり,最小値は羽曳野市,最大値は上越市であった.2000年では1.0(0.41〜2.5) Bq/kgDWであり,最小値は山梨県双葉,最大値は新潟県上越市であった.1959〜1995年における年度別の交換態/全量比は0.81(0.66〜1.08)であり,殆どのストロンチウム-90は作物によって吸収されやすい交換態であることが認められた.ストロンチウム-90の場合も,経年的に交換態/全量比が低くなる傾向が認められた.

1959〜1995年における水田土壌のセシウム-137/ストロンチウム-90の濃度比の年次別平均値(最小値〜最大値)は5.5(2.5〜8.9)であり,経年的にセシウム-137の比率が高くなることが認められた.その理由は,ストロンチウム-90の方がセシウム-137より作土圏外に移動しやすいためであると考えられる.このことについては後で述べる.

なお,日本海側と太平洋側における濃度はセシウム-137,ストロンチウム-90は共に,日本海側が高いことが認められた.

5-2 畑土壌中の推移

Komamura et al. (2005)によって,大気圏内核爆発実験により放出されたセシウム-137とストロンチウム-90の畑土壌中濃度の推移について述べる.

図16は畑土壌中セシウム-137の全量濃度と交換態濃度を示した.濃度は経年的に減少していた.1963年における全量濃度の平均値(最小値〜最大値)は30.5(6.8〜66.3) Bq/kgDWであり,最小値は大阪府羽曳野市であり,最大値は新潟県長岡市であった.調査最終年である2000年における平均値(最小値〜最大値)は9.0(3.8〜18.7) Bq/kgDWであり,最小値は茨城県水戸市,

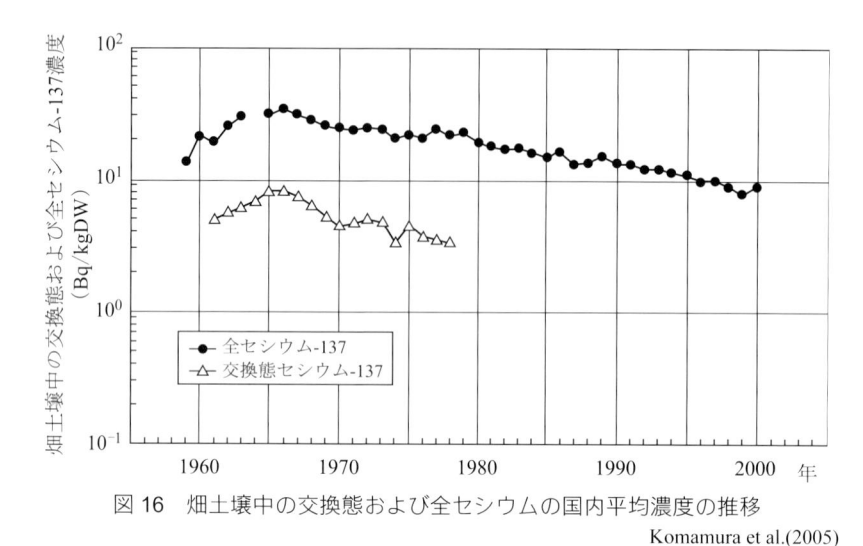

78　Ⅱ 大気圏内核爆発実験による日本の土壌・作物汚染

図 16　畑土壌中の交換態および全セシウムの国内平均濃度の推移

Komamura et al.(2005)

＊全国の農林水産省および都道府県の農業試験研究機関の圃場の畑土壌
　北海道：札幌，秋田：秋田，新潟：長岡，岩手：盛岡，宮城：岩沼，茨城：水戸・つくば，埼玉：北本・熊谷，東京：立川，山梨：双葉，岡山：山陽，福岡：甘木

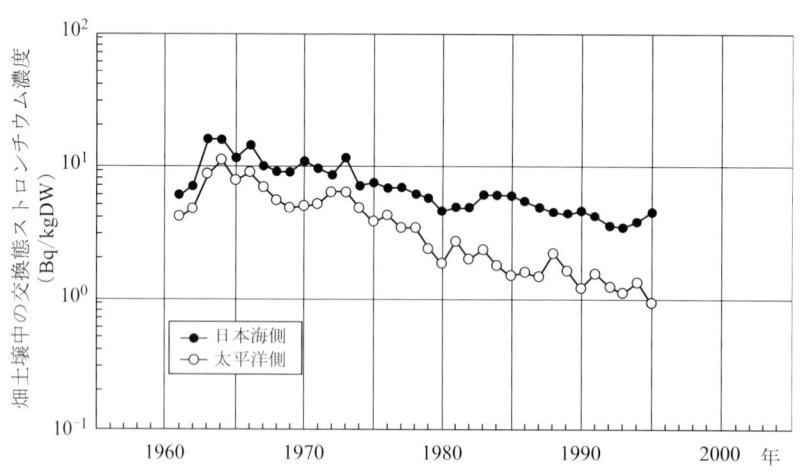

図 17　畑土壌中の交換態ストロンチウム -90 濃度の日本海側と太平洋側の相違

Komamura et al.(2005)

最大値は新潟県長岡市であった．年次別の交換態／全量比の平均値（最小値〜最大値）は 0.18（0.12〜0.25）であり，経年的に比率が減少する傾向が窺われた．地域別では，日本海側で太平洋側よりも高い値で推移している傾向が，水田土壌の場合と同様に認められた．

　図 17 には畑土壌における交換態ストロンチウム -90 の値を日本海側と太平洋側に分けて示した．全量の分析はしていなかった．1964 年の平均値（最小値〜最大値）は 13.1（5.1〜24.3）Bq/kgDW で最小値は大阪府羽曳野市で，最大値は新潟県長岡市で認められた．それ以降放射性降下物の減少を反映して経年的に減りつづけ，1995 年では最大時の約 11% にまで低下した．この調査の最終年である 1995 年における交換態ストロンチウム -90 濃度の平均値（最小値〜最大値）は 1.5（0.27〜4.8）Bq/kgDW であり，最小値は茨城県つくば市，最大値は新潟県長岡市であった．

5-3 水田・畑作土中の半減期

　水田土壌や畑土壌に侵入したセシウム -137 やストロンチウム -90 は，作土から下層土への溶脱，流亡や作物による吸収および物理学的崩壊によって減少する．作土中のこれら放射性核種が半減するまでの時間を作土中半減期という．

　駒村ら（2006）によれば，水田土壌の作土中半減期は，セシウム -137 では 15.9（8.6〜24.4）年であり，ストロンチウム -90 では 9.3（5.9〜12.5）年であった．畑土壌の作土中半減期は，セシウム -137 で 18.4（8.4〜25.8）年であり，ストロンチウム -90 で 11.4（5.8〜15.1）年であった．

　水田土壌，畑土壌ともに，作土中半減期はストロンチウム -90 よりセシウム -137 の方が長かった．このことはセシウムが一部の粘土鉱物に固定され溶脱され難いためと考えられた．一方，水田土壌と畑土壌を比較すると，両放射性核種とも水田土壌の方が畑土壌よりも作土中半減期が短かった．このことは，水田土壌は潅漑水のため畑土壌より下降浸透量が多いためと考えられた．

　セシウム -134 は物理学的半減期が約 2 年と短いので調査しなかったと考えられる．

5-4 玄米と白米および玄麦中濃度の経年推移

駒村ら(2006)による，1959～2000年における玄米と白米中のセシウム-137とストロンチウム-90濃度の推移を図18に示した．濃度はmBq/kgADWで示してあるので，値はBqの1000倍の数字になっている．白米および玄米の平均値(最小値～最大値)は，1963年にセシウム-137で4179(888～8140)および11534(4156～20415)mBq/kgADW，ストロンチウム-90で269(74～559)および3555(1073～8228)mBq/kgADWであった．1963年におけるセシウム-137の最小値は白米，玄米ともに福岡県筑紫野市，最大値は

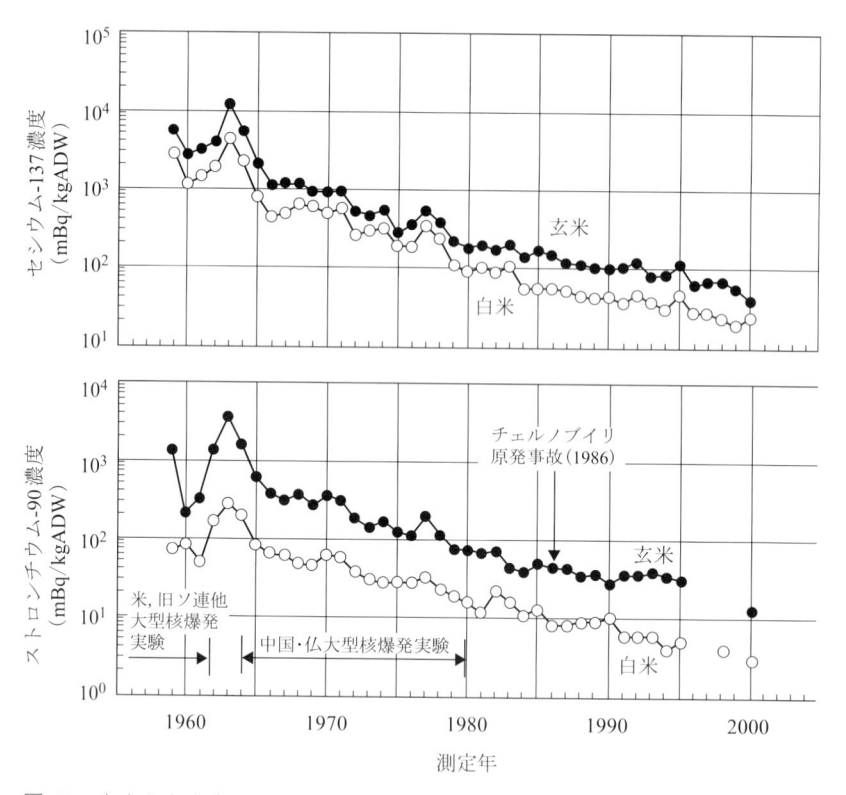

図18 玄米と白米中のセシウム-137およびストロンチウム-90の国内平均濃度の推移

駒村ら(2006)

II 大気圏内核爆発実験による日本の土壌・作物汚染

札幌市であり，ストロンチウム-90の最小値は白米では筑紫野市，玄米では大阪府羽曳野市，最大値は白米では新潟県上越市，玄米では茨城県水戸市であった．その後，放射性降下物の減少を反映して両放射性核種の濃度は急激に低下した．調査最終年の2000年には，白米および玄米の平均値（最小値～最大値）は，セシウム-137で23（2～92）および39（4～184）mBq/kgADWであり，ストロンチウム-90は2.7（ND～10）および13（2～28）mBq/kgADWであった．2000年におけるセシウム-137の最小値は白米ではつくば市，玄米では岡山県山陽市，最大値は白米では筑紫野市，玄米では秋田県大曲市であり，ストロンチウム-90の最小値は白米では石川県金沢市など4市町，玄米では山梨県双葉であり，最大値は白米，玄米ともに上越市であった．

セシウム-137の玄米/白米比の平均値（最小値～最大値）は2.6（1.6～4.0）であり，経年的に増加するあるいは減少するという傾向は認められなかった．ストロンチウム-90の玄米/白米比の平均値（最小値～最大値）は5.8（2.5～19.0）であり，経年的に減少する傾向が窺われるが，経年的に増加するあるい

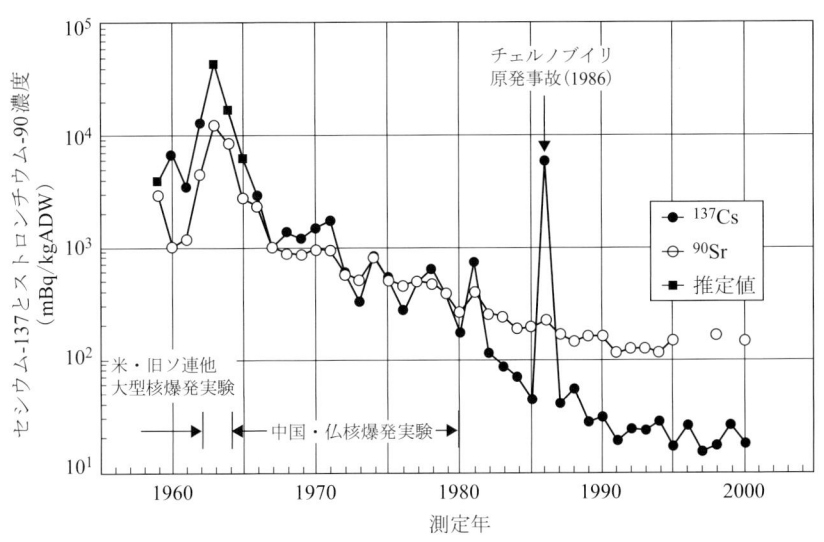

図19 玄麦中のセシウム-137およびストロンチウム-90の国内平均濃度の推移
駒村ら（2006）

は減少するという明確な傾向は認められなかった．しかし，これらのデータは，玄米を白米にすれば，これら放射性核種の濃度はかなり減少することを示している．すなわち，精白によって，セシウム-137 は玄米中濃度の 2.6 分の 1 に，ストロンチウム-90 は 5.8 分の 1 になる．

　1959〜2000 年における玄麦中のセシウム-137 とストロンチウム-90 濃度の推移を図 19 に示した．玄麦中両放射性核種濃度は，1963 年における平均値（最小値〜最大値）はセシウム-137 が 43613（12963〜113675）mBq/kgADW であり，最小値は大阪府羽曳野市，最大値は秋田市であった．また，ストロンチウム-90 が 12254（5222〜27519）mBq/kgADW であり，最小値は山梨県双葉，最大値は三重県津市であった．調査最終年であった 2000 年におけるセシウム-137 の平均値（最小値〜最大値）は 19（ND〜48）mBq/kgADW であり，最小値は宮城県岩沼市，最大値は岩手県盛岡市であった．また，ストロンチウム-90 の平均値（最小値〜最大値）は 151（37〜329）mBq/kgADW であり，最小値は岡山県山陽町，最大値は岩手県盛岡市であった．チェルノブイリ原発事故が起こった 1986 年には，玄麦中セシウム-137 濃度は急上昇した．

　日本海側と太平洋側における玄麦中両放射性物質濃度には玄米や白米の場合ほどの差異は認められなかったが，日本海側の方が僅かに高い値を示していた．

　一般に玄麦を食べる人はいない．小麦粉にしてから種々調理して食べるのが普通である．そこで，玄麦を小麦粉に挽いた際におけるセシウム-137 とストロンチウム-90 の濃度変化を知るために玄麦/小麦粉比を求めた．汚染レベルの異なる 5 ヵ年の試料について分析を行い，セシウム-137 およびストロンチウム-90 の場合，玄麦/小麦粉比は 1961 年では 2.6 および 4.2，1969 年では 2.0 および 3.1，1975 年では 2.0 および 2.9，1986 年では 2.4 および 2.8，1990 年では 1.3 および 2.4 であった．ストロンチウム-90 では放射性降下物が多かった時期に高く，少ない時期には低かった．セシウム-137 でもチェルノブイリ原発事故のあった 1986 年に高くなったことを除けば，ストロンチウム-90 と同様な傾向を示した．このように玄麦を小麦粉に挽くと両放射性核種の濃度はかなり減少する．

　チェルノブイリ原発事故は 1986 年 4 月 26 日に起きた．そのため大量の放

II 大気圏内核爆発実験による日本の土壌・作物汚染　　　83

射性降下物が世界中に放出され，日本でも玄麦でセシウム-137による高い汚染が記録された．農業環境技術研究所の調査によれば，ホウレンソウやキャベツで 4～12 Bq/kgFW と明らかに高い値が記録されていた．しかし，今回の福島第一原発大事故後の作物のセシウム-134，セシウム-137による汚染の最大値は，福島県で 82000 Bq/kgFW（3月21日採取，茎立菜，本宮市），茨城県で 2110 Bq/kgFW（3月21日採取，パセリ，鉾田市），栃木県で 790 Bq/kgFW（3月19日採取，ホウレンソウ，壬生町），東京都で 890 Bq/kgFW（3月23日採取，小松菜，江戸川区）であり，福島県の値はチェルノブイリ原発事故の際の最大値 12 Bq/kgFW の 6833 倍，東京都の小松菜は 74 倍であって，今回の福島第一原発大事故が如何に大事故であるか理解されよう．

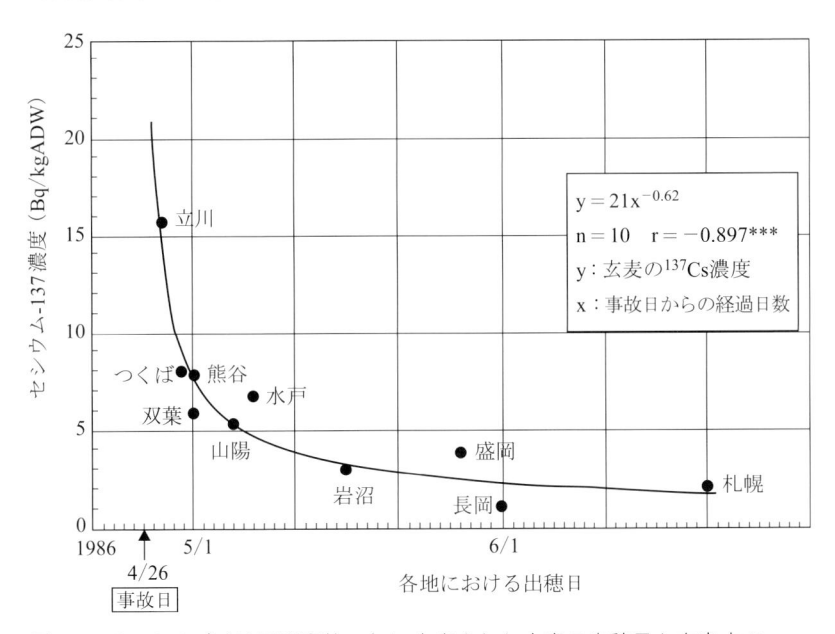

図20　チェルノブイリ原発事故の年に生産された小麦の出穂日と玄麦中のセシウム-137濃度の関係

駒村ら（2006）

浅見注）出穂期にセシウム-137の降下量が多いと開花時に花から吸収され，セシウム-137の取込み量が増加するという．この様な図は他には見当たらないと思われる．

さて，チェルノブイリ原発事故の際に日本の玄麦中セシウム-137濃度が高かった理由について述べたい．チェルノブイリ原発事故由来のセシウム-137汚染はその年の5月に集中したとのことである．玄麦では先述のようにセシウム-137降下量が多いほど直接汚染の割合が増加するが，特に出穂期にセシウム-137降下量が多いと直接汚染の割合が顕著に増加するという．そこで，各地における出穂日と玄麦中セシウム-137濃度の関係を図20に示した．図20から，出穂日がチェルノブイリ原発事故日に近い地点で生産された玄麦中セシウム-137濃度が高いことが判る．

5-5 白米と玄麦の汚染経路

農作物が放射性降下物によって汚染される経路として，大気から降下した放射性物質が茎葉や穂に沈着して取り込まれる直接汚染と，土壌から根を通じて取り込まれる間接汚染が考えられる．降下量が多い時期には直接汚染が多く，降下量が少ない時期には間接汚染の割合が増加する．

駒村ら（2006）によれば，セシウム-137による白米の直接汚染の割合は，極多量降下期である1959～1964年では約95％に達していた．1991年以降は放射性降下物がほとんどなかったので，ほぼ全てが間接汚染によると考えられた．ストロンチウム-90による白米の直接汚染の割合は，極多量降下期には70～80％を占め，1991年以降は，ほぼ全てが間接汚染によると考えられた．セシウム-137の方がストロンチウム-90よりも直接汚染の割合が高かった．

セシウム-137による玄麦の直接汚染の割合は，極多量降下期のほぼ100％から多量～少量降下期に95％，さらに70％と減少し，1987年以降ほとんど認められなかった．ストロンチウム-90による玄麦の直接汚染の割合は，極多量降下した時期末の1966年には約50％であり，その後減少して1982年以降は1～6％となっていた．玄麦の場合にもセシウム-137の方がストロンチウム-90よりも直接汚染の割合が高かった．

なお，白米と玄麦のセシウム-137とストロンチウム-90の直接汚染と間接汚染の割合は次のように算出した．すなわち，直接汚染がほぼ無視できる1986～1993年の試料について水田または畑土壌から白米または玄麦へのそれ

それの移行係数の平均値を算出し，これを過去 37 年分の水田・畑土壌の両核種濃度にそれぞれ乗じて，白米と玄麦のセシウム-137 とストロンチウム-90 濃度の間接汚染相当分とした．各年における白米・玄麦のセシウム-137 とストロンチウム-90 の濃度から，上記の間接汚染相当分をそれぞれ差し引き，その差を直接汚染相当分とした．

III

チェルノブイリ原発事故の環境影響

　ここではチェルノブイリ原発事故の様相とその後の農業生産に対する対処法について簡単に述べる．

　福島第一発電所大事故の規模について，日本政府は初期にはレベル4と発表し，次いでスリーマイル島原発事故と同じレベル5とし，最後にチェルノブイリ原発事故と同じ最高のレベル7であると順次訂正していった．チェルノブイリ原発事故は原子炉1機の事故であるのに対して，福島原発では1～3号機の燃料棒と3，4号機の燃料貯蔵プール，全部で5つが同時平行的に冷却できない状態に陥っていた．したがって，チェルノブイリ原発事故よりも福島第一原発大事故の方のレベルが高く，レベル8を作るべきだと言う人もいる．

1. チェルノブイリ原発事故の様相

　旧ソ連のチェルノブイリ原子力発電所4号炉の事故は1986年3月28日に起こった．事故後，30 km圏内および汚染の程度が高い30 km圏外の住民13万5千人が避難させられた．その後，ソ連は解体して，汚染地はベラルーシ，ロシア，ウクライナにまたがっている．図12 (p.42) に，セシウム-137によるこれら3国の汚染図を示した (UNSCEAR, 2000, p.460)．表示は凡例にあるように，148万～370万 Bq/m^2，55.5万～148万 Bq/m^2，18.5万～55.5

万 Bq/m², 3.7万〜18.5万 Bq/m² である．最大濃度汚染地がチェルノブイリ付近のみならず，ベラルーシの Gomel（チェルノブイリから約130km）から Mogilev（チェルノブイリから約280km）の間にも点在している．さらに，3.7万 Bq/m² 以上の地域は西側約320km，北東約630km にまで達している．3.7万 Bq/m² 以上の地域はその他の国にも広く分布している．

イーゴリ・A・リャプツェフと今中哲二の「ロシアにおける法的取り組みと影響研究の概要」(http://www.rri.kyoto-u.ac.jp/NSRG/Cernobyl/saigai/Ryb95-J.html) によれば，ロシア連邦（ベラルーシ，ウクライナを含む）では汚染地を次のゾーンに区分している．汚染地域とは年間被曝量が1ミリシーベルト以上ある地域であるという．

・無人ゾーン：1986年と1987年に住民が避難した地域
   （ブリャンスク州の一部）
・移住ゾーン：住民の年間被曝量が5ミリシーベルトを超える可能性のある地域（セシウム-137汚染が55.5万 Bq/m² 以上）
・移住権利のある居住ゾーン：年間被曝量が1ミリシーベルト以上の地域（セシウム-137汚染が18.5万〜55.5万 Bq/m²）
・社会経済的な特典のある居住ゾーン：年間被曝量が1ミリシーベルトを超え

表18 チェルノブイリ原発事故により放出されたセシウム-137によるヨーロッパ諸国の土壌汚染面積

国	セシウム-137 (Bq/m²) による汚染面積 (km²)				
	3.7万〜18.5万	18.5万〜55.5万	55.5万〜148万	>148万	計
ロシア	49800	5700	2100	300	57900
ベラルーシ	29900	10200	4200	2200	46500
ウクライナ	37200	3200	900	600	41900
計	116900	19100	7200	3100	146300

その他次の国にも 3.7万〜18.5万 Bq/m² の汚染地 (km²) がある．すなわち，スウェーデン12000，フィンランド11500，オーストリア8600，ノルウェー5200，ブルガリア4800，スイス1300，ギリシャ1200，スロベニア300，イタリア300，モルドバ60，その他の国　計45260 km²，3.7万〜18.5万 Bq/m² の総面積は 162160 km²，従って，3.7万 Bq/m² 以上の汚染総面積は 191560 km² である．

(UNSCEAR (2000, p.520) の表を改変)

ない地域（セシウム-137汚染が3.7万～18.5万 Bq/m²）

表18はロシア，ベラルーシ，ウクライナを始めとする各国の汚染の程度と面積を示した（UNSCEAR, 2000, p.520を改変）。各面積は，＞148万 Bq/m² が 3100 km²，55.5万～148万 Bq/m² が 7200 km²，18.8万～55.5万 Bq/m² が 19100 km² あり，全てベラルーシ，ロシア，ウクライナ国内であった。3.7万～18.5万 Bq/m² はこれら3国で 116900 km²，その他の国が 45260 km²，合計 162160 km² であった。結局，3.7万 Bq/m² 以上の汚染地は全部で 191560 km² である。表19は2000～2003年にベラルーシ，ロシア，ウクライナで高濃度および低濃度に汚染された地域で生産された穀物，ジャガイ

表19 ベラルーシ，ロシア，ウクライナの汚染地で生産された農作物中の現時点（2000～2003）におけるセシウム-137濃度

Cs-137の土壌降下量	穀物	ジャガイモ	ミルク	肉
ベラルーシ				
＞18.5万 Bq/m²（Gomel地域の汚染地）	30（8～80）	10（6～20）	80（40～220）	220（80～550）
3.7万～18.5万 Bq/m²（Mogilev地域の汚染地）	10（4～30）	6（3～12）	30（10～110）	100（40～300）
ロシア				
＞18.5万 Bq/m²（Bryansk地域の汚染地）	26（11～45）	13（9～19）	110（70～150）	240（110～300）
3.7万～18.5万 Bq/m²（Kaluga, Tula, Orel地域の汚染地）	12（8～19）	9（5～14）	20（4～40）	42（12～78）
ウクライナ				
＞18.5万 Bq/m²（Zhytomyr*, Rovno地域の汚染地）	32（12～75）	14（10～28）	160（45～350）	400（100～700）
3.7万～18.5万 Bq/m²（Zhytomyr*, Rovno地域の汚染地）	14（9～24）	8（4～18）	90（15～240）	200（40～500）

穀物，ジャガイモ，肉は生重1kg当たりBq，ミルクはL当たりBqで表示した．

(IAEA, 2006, p.41)

浅見注）＊Zhytomyr は，図12（p.42）では Zhitomir となっている．

モ，ミルクと肉の中のセシウム-137の濃度である（IAEA, 2006, p.41）．作物中濃度より畜産物中濃度の方が全ての場合に高濃度であった．放射性核種汚染が高い地域および肥沃度の低い有機質土壌地域では食物中，特に牛乳中セシウム-137濃度が，国のアクションレベル（100Bq/kg）を超えていた．これらの地域での環境修復が必要である．チェルノブイリ原発事故後15年経っても，100Bq/Lを超える牛乳がウクライナでは400集落（settlements），ベラルーシでは200集落，ロシアでは100集落で生産されていた．2001年に，500Bq/Lを超える牛乳がウクライナでは6集落，ベラルーシとロシアではそれぞれ5集落で生産された．セシウム-137の半減期は30年と長いので，次の10年間で濃度が相当減少すると結論することは不可能であると述べられている．

以上から，3.7万Bq/m^{2}以上セシウム-137を含む土壌地帯は管理が必要な地帯とされている．その面積は上に述べたように191560km^{2}ある．

前述のリャプツェフ・今中にはロシア連邦における「食品中セシウムとストロンチウムに関する暫定許容レベル」の表があったので，表20に引用した．値は現物当たりであると考えられる．セシウム-134とセシウム-137濃度は日本よりも厳しく，幼児食品は特に厳しくなっている．ストロンチウム-90の濃度は放射性セシウムの基準よりはるかに厳しい．幼児食品中ストロンチウム-90の暫定許容レベルは3.7Bq/kgであり，大人の暫定許容レベル37およ

表20 食品中セシウム-134＋セシウム-137およびストロンチウム-90の暫定許容レベル（TAL-94）

食品名	許容レベル（Bq/Kg, L）	
	セシウム 134, 137	ストロンチウム 90
1. ミルクとミルク製品，パンとパン製品，穀類，小麦，砂糖，野菜，植物油，動物脂肪，マーガリン	370	37
2. すべての幼児食品（調理済みのもの）	185	3.7
3. 他の食品	600	100

リャプツェフ・今中哲二（http://www.rri.kyoto-u.ac.jp/NSRG/Chernobyl/saigai/Ryb95-J.html）

び100 Bq/kgの10分の1および27分の1になっていることが特に注目される．日本でもストロンチウム-90の暫定基準値を決める必要があるし，セシウム-134，-137についても大人に対する暫定基準値とは別に乳幼児の暫定基準値を設ける必要があると考える．

2. チェルノブイリ原発事故後の農業生産への対策

　IAEA（2006，p.75～86）にチェルノブイリ原発事故により放出された放射性核種による汚染地における農業生産に対する対策法が書かれている．そこでそれらについて，若干の紹介をする．全訳ではなく，部分訳であり，関心のある方は原文に目を通して頂きたい．

　ソ連，後には独立した3ヵ国において用いられた主な対策は次の通りであった．主要な研究は，土壌肥沃度を増進し，飼料作物による放射性セシウムの吸収を減少させる化学的改良であった．

2-1 土壌処理

　土壌処理は放射性セシウムとストロンチウムの吸収を減少させる．この方法には耕耘，再播種（reseeding）および/または窒素，リン酸，カリ肥料と石灰施用を含んでいる．

　耕耘は，ほとんどの植物根が養分を吸収する土壌表層に最初にあった放射性核種濃度を薄める．深耕と浅耕とは両方とも広く用いられており，スキム（skim）耕耘と天地返しも用いられる．肥料の使用は植物生産を増進し，したがって植物中の放射能を薄める．さらに，肥料の利用は土壌溶液中のCs:K比を減少させることによって植物への根からの吸収を減少させる．これらの対策にもかかわらず，Bryansk地帯の高濃度汚染地域では，農場で生産された乾草の20%が1997～2000年のアクションレベルを超えていた．乾草中セシウム-137濃度は650～66000 Bq/kgDWであった．

　土壌処理が上述の対策をすべて含む場合には，通常，根本的な改良（radical improvement）と呼ばれる．

ディスク・ハローによる耕転，施肥，および石灰の表面施用を含む伝統的な表層改良は効果が低い．

2-2 汚染地での飼料作物の変更

ある種の植物種は他よりも放射性セシウムの吸収量が少ない．大量の放射性セシウムを集積するルーピン，エンドウマメ（pea），ソバ，クローバーについては，完全にまたは部分的に栽培を中止した．

ベラルーシでは2つの生産物—食用油と家畜の飼料としての固形タンパク質（protein cake）—のために汚染地帯に菜種を栽培した．セシウム-137とストロンチウム-90の吸収量が他の品種の1/2～1/3である菜種品種が栽培された．菜種が生育する際に追加肥料（6t/haの石灰，$N_{90}P_{90}K_{180}$の肥料）によって放射性セシウムと放射性ストロンチウムの吸収を約2分の1に減少させる．この方法は固形タンパク質に使われる種実の汚染を減少させる．菜種の処理の間に放射性セシウムと放射性ストロンチウムは効率的に除去され，無視しうる量しか残らない．この方法による菜種油の生産は，汚染地を利用する効果的で経済的に実行可能な方法であること，また，農民と加工工業の両方にとって有益であることを示している．過去10年間に菜種栽培面積は4倍の22000haに増加した．（浅見注：「チェルノブイリ原発事故によって放出された放射性核種によって汚染されている土壌の除染のために菜種が栽培されている」と言う日本の「専門家」と称する人がいるが，事実は違っているようである．菜種油と飼料としてのプロテインケーキを造るためになるべく放射性核種を吸収しないような品種の選択と栽培法をとっているようである．なお，生産された膨大な量の植物体の処理については触れられていない．また，ヒマワリの栽培については述べられていないようである）．

2-3 清浄給餌（Clean feeding）

屠殺あるいは搾乳まえの適当の期間に，それまで汚染されていた家畜に対して汚染されていない飼料や牧草の供給（清浄給餌）は，各放射性核種の生物学的半減期に依存する割合で肉やミルクの放射性核種汚染を効果的に減少させ

る．ミルクの放射性セシウム濃度は生物学的半減期が2～3日であるので，飼料の変更に急速に反応する．肉では，筋肉中の生物学的半減期がより長いので肉の放射性核種の減少にはもっと時間がかかる．清浄給餌は放射性核種の吸収を減少させる．旧ソ連と西ヨーロッパ諸国の家畜の肉について，チェルノブイリ原発事故後，最も重要な，またしばしば用いられた対策である．このように扱われた畜牛数は公式統計ではロシアで毎年5000～20000頭であり，ウクライナで20000頭であった．

セシウム結合物質（cesium binder）：ヘロシアン化合物（一般にプルシアンブルーと呼ばれている）は非常に効果的なセシウム結合物質である．これらの化合物は牛，羊，ヤギおよび肉を生産する家畜の飼料に加えられ，腸での放射性セシウムの吸収を減少させ，ミルクや肉への放射性セシウムの移行を減少させる．これらの化合物は低毒性であり，したがって使っても安全である．この化合物は家畜生産物中の放射性セシウムの濃度を10分の1にする．

2-4 まとめ

　以上述べた対策法による減少率（Reduction Factor）は次のようになっている．

　減少率が2ということは，2分の1になったということであろう．対策法によっては，ストロンチウム-90の減少率が書かれていないものもある．

通常の耕耘（初年度）：セシウム-137；2.5～4.5,

スキム耕耘と天地返し：セシウム-137；8～16

石灰施用：セシウム-137；1.5～3.0, ストロンチウム-90；1.5～2.6

無機質肥料の施用：セシウム-137；1.5～3.0, ストロンチウム-90；0.8～2.0

有機質肥料の施用：セシウム-137；1.5～2.0, ストロンチウム-90；1.2～1.5

根本的な改良（Radical improvement）

　初年度：セシウム-137；1.5～9.0 *, ストロンチウム-90；1.5～3.5

　次年度以降：セシウム-137；2.0～3.0, ストロンチウム-90；1.5～2.0

表面の改良（Surface improvement）

　初年度：セシウム-137；2.0～3.0 *, ストロンチウム-90；2.0～2.5

次年度以降：セシウム-137；1.5〜2.0，ストロンチウム-90；1.5〜2.0
飼料作物の変更：セシウム-137；3〜9，
清浄給餌：セシウム-137；2〜5（時期による），ストロンチウム-90；2〜5
セシウム結合物質：セシウム-137；2〜5
ミルクからバター製造の工程：セシウム-137；4〜6，ストロンチウム-90；5〜10
菜種から油製造の工程：セシウム-137；250，ストロンチウム-90；600
＊：湿潤泥炭土では排水により15まで増加．

3. 日本における環境影響調査の必要性

　先にも簡単に述べたが，福島第一原発大事故後，セシウム-134とセシウム-137の降下量が文部省によって報告されている．しかし，その汚染濃度範囲は300万Bq/m^{2}以上 100万〜300万Bq/m^2，60万〜100万Bq/m^2，30万〜60万Bq/m^2，10万〜30万Bq/m^2，10万Bq/m^{2}以下となっており，チェルノブイリ原発事故による放射性核種降下量の調査に比べて，低濃度の地域を調査していない．チェルノブイリにおける調査の最小降下量が3.7万Bq/m^{2}であり，それ以上の地帯は要管理区域であることを考えれば，低濃度まで広範囲に調査を広げる必要があろう．神奈川県の生茶に高濃度の放射性セシウムが検出された事実を考慮すれば，東北地方，関東地方，東海地域などをカバーする土壌や作物などの調査が必要である．

　現在わかっている福島第一原発大事故による被害は，①住民の強制移住，②放射性核種による外部および内部被曝，③家畜とペットの喪失，④土壌の汚染，⑤農産物の汚染，⑤海産物の汚染，⑥淡水魚の汚染，⑦風評被害などである．甲状腺がんやその他のがんなどの健康被害は今後数年以上経ってから明らかになるかもしれない．なお，放射線被曝を直接の原因としない「間接的な健康被害や死亡」の問題もある．老人が突然避難させられ，さらに何回も移動させられたならば，体調を崩す人，さらに死亡する人もいると考えられる．また，家族も家も仕事も失い，アルコール中毒になり，健康を害する人もいるで

あろう．このような病気や死亡も福島第一原発大事故の間接的な影響であろう．

原子力安全委員会（1980, p.21）による「原子力施設等の防災対策について」の中では，緊急時対応の放射線作業者の被曝線量は 100 mSv を上限値と決めていた．チェルノブイリ原発事故で緊急時対応の労働者が急性障害になって 28 人亡くなっているが，緊急時にそのような状態が起きては絶対にいけないので放射線作業者の安全を確保するものとして，上限値を 100 mSv と決めていたはずである．これがあっさりと 3 月 14 日に原子炉等規制法実用炉規則や労働安全衛生法電離放射線障害防止規則を改定して，上限値を 250 mSv に引き上げた．この改定は，首相官邸が要請をして，経済産業省と厚生労働省が動き，文部科学省の放射線審議会に諮問，答申させ，わずか半日で改定した（野口, 2011a, p.194）．

東京電力の 6 月 20 日発表によると，福島第一原発労働者のうち，250 mSv を超えた被曝量の人が 9 人になったという．内部被曝と外部被曝の合計で，678.08 mSv と 643.07 mSv の人がいるとのことである．結局被曝線量と被曝労働者数は，500 mSv 以上 2 人，500〜250 mSv 7 人，100〜250 mSv 115 人，50〜100 mSv 288 人，20〜50 mSv 623 人，20 mSv 以下 2479 人となっている．500 mSv はリンパ球が減少する線量，250 mSv は白血球が減少する線量，100 mSv はがんの危険が高くなる線量である．これらの人々の今後の健康状態が心配される．

また，原発で働かされた労働者はもちろんのこと，放射性核種の汚染地の住民および救援に向かった消防士などの今後の健康も気になるところである．

汚染地に放置されたままの犬や猫も沢山いるようである．これらのペットは，汚染地で餌を拾い喰いし，また汚染された水たまりの水を飲んだと思われる．これらのペットの病気，特にガン発症等については十分注意する必要がある．

いずれにせよ，今後，わが国における福島第一原発大事故による各種の影響が明らかにされてから，チェルノブイリ原発事故による影響との比較が試みられなければならない．日本政府・東京電力は，事実を隠すことなくすべて報告するべきである．

資料 ①

日本の科学者　2000年7月号（Vol.35, No.7, p.325〜239）

原子力産業における安全確保

　最近「安全」に係わる事故が続発している．JCO臨界事故，JRでのコンクリート落下事故，3度にわたるロケット打ち上げ失敗，地下鉄日比谷線脱線事故等々，枚挙にいとまがないほどである．これらの諸事件には共通する根本原因があると考えられる．このような状況の下で，日本学術会議は1999年10月の総会において，「安全に関する緊急特別委員会」を組織し，「安全学の構築に向けて」という提言をまとめた．この提言はごく一般的なものであった．各種事故の中で，原子力事故は一旦生ずると非常に多くの住民に各種の深刻な影響を長時間にわたって与えるという点で，その他の事故とは異なる性質を持っている．以下は，原子力問題には素人である私が報告した，上記委員会でのレポートを手直ししたものである．

1. 日本学術会議と原子力三原則

　日本学術会議第17回総会（1954年4月23日）は「原子力の研究と利用に関し公開，民主，自主の原則を要求する声明」[1] を決定した．そこでは「わが国において原子兵器に関する研究を行わないのは勿論外国の原子兵器と関連ある研究を行ってはならない」との決意を表明し，この精神を保証するために「まず原子力の研究と利用に関する一切の情報が公開され，国民に周知されること」「真に民主的な運営によって，わが国の原子力研究が行われること」「原子力の研究と利用は，日本国民の自主性ある運営のもとに行われるべきこと」を要求している．ここにいう「公開」「民主」「自主」が原子力三原則である．その後，第18回総会の議により，1954年10月28日付けで，日本学術会議会長から内閣総理大臣あてに「原子力の研究・開発・利用に関する措置について」申し入れている．

　これは，前記声明についての具体的な申し入れとなっていた．その後，1955

年12月19日に成立した「原子力基本法」第2条（基本方針）に，日本学術会議の原子力三原則が一応盛り込まれている．

　その後，原子力産業の「発展」の中で，この原子力三原則はどのような運命をたどったであろうか．1956年1月1日に原子力委員会が発足し，1月4日に第1回の会合が開かれた．初代原子力委員長は正力松太郎氏で，そのほかのメンバーには経団連会長を辞任してこの仕事に専念するという石川一郎氏，また湯川秀樹，藤岡由夫，有沢宏巳などの諸氏がいた．翌1月5日，正力氏は初代原子力委員長として北陸にお国入りをした際，車中談で「5年後には実用規模の発電炉を建てる」と述べた．これは，基礎研究から積み上げて技術を高め，自主的に原子力を育てていこうという学界の考え方と真っ向から対立するものであった．この問題が湯川委員の辞任事件に発展した[2]．このように最初から原子力三原則は無視され，日本における原子力産業が「発展」してきたわけである．「自主」を放棄した政府・原子力業界が「民主」や「公開」を行うとは考えられない．政府・原子力業界は原子力産業の危機を訴えた職員の処分や労働組合の切り崩しと第二組合の結成に狂奔した．また住民になるべく問題点を知らせずに，また事故が起こっても，虚偽によってなんとか糊塗しようとしてきたことは，周知の事実である．

　日本学術会議第78回総会（1979年10月26日）は，「原子力研究・利用三原則要求声明25周年に際しての声明」[3]で「…我が国の原子力政策において三原則が定着しているとは言い難い．原子力三原則要求25周年にあたり，本会議は，今日改めて三原則の持つ重要性を認識し，その精神が正しく継承発展されるようにここに訴えるものである」と述べている．

2. スリーマイル島およびチェルノブイリ事故の教訓

　今から21年前の1979年3月に米国のスリーマイル島（TMI）原子力発電所で起こった炉心溶融事故の後，米国大統領特別調査委員会（ケメニー委員長）が作られた．ケメニー報告[4]はその総合的結論の冒頭において「スリーマイル島事故のような深刻な原子力事故を防ぐためには，機構，許認可手続き，方法，また特に原子力規制委員会の姿勢，原子力産業の姿勢に根本的な変革が必要で

ある」と述べている．また「原子力発電所は十分安全だという考えが，いつか確たる信念として根を下ろすに至った．この事実を認識して，はじめて TMI 事故を防止し得たはずの多くの重要な措置がなぜとられなかったのか，を理解することができる．こうした態度を改め，原子力は本来危険をはらんでいる，と口に出していう態度に変えなければならないと，当委員会は確信する」．さらに「現在ある原子力規制委員会は，安全目標を有効に追求するだけの組織管理能力をもっていない，と当委員会は判断する」「原子力規制委員会を行政部門の独立した新機関として再編成する」「新原子力規制委員会委員長は，現在の原子力規制委員会の外部の者でなければならない」とも述べている．

チェルノブイリ原子力発電所事故が起こったのは，1986年4月である．以上2つの大事故をうけて，国際原子力機関（IAEA）に設置されている国際原子力安全諮問グループ（INSAG）が「原子力発電所のための基本安全原則」という報告書[5]を1988年に出している．本報告書の「まえがき」には「本書は発電用原子力プラントの安全性に関するものであるが，ほとんどの点で他の目的に供する原子力プラントにも有効である」と述べられている．また，「発生確率は非常に低いが，設計上明確に考慮されている事故よりもさらに苛酷な事故（『設計基準外』事故）に対しても考慮が払われる」「それでもなお，そのような事故は起こりえるので，事故の進行を制御し，その影響を軽減するような別の処理方法を用意する」ことを「技術的安全目標」としている．また，原子力発電所などを規制する体制についても「政府は，原子力産業に対する法律的な枠組み，および原子力発電所の認可と規制および適切な規制の施行を行う独立した規制組織を確立する．規制組織の責任と他の組織との分離が明確であり，これにより規制組織が安全当局としての独立性を保持し，不当な圧力から守られる」と述べている．

ケメニー報告および INSAG 報告後の国会における政府答弁は「我が国の原子力施設におきましては，設計，建設，運転の各段階におきまして厳しい安全規制によりまして，シビアアクシデントが起きるとは現実的には考えられない程度まで安全性が高められていると考えております．したがいまして，シビアアクシデント対策の見地から安全規制を改める必要性はないと考えておりま

す」(参議院外務委員会会議録第8号, 平成2年6月19日) というものであって, スリーマイル島およびチェルノブイリ原子力発電所事故から何らの教訓も得ず, 日本における原子力政策は「微動」もしなかった. 要するに, 国際的には20年も前に危険性が指摘されていた「安全神話」に対して, 政府も原子力業界も疑問を持っていなかったのである. また, 原子力安全委員会の独立・強化もされなかった.

3. スリーマイル島事故と日本学術会議

スリーマイル島事故直後に, 日本学術会議は原子力安全委員会と共に, スリーマイル島事故に関するシンポジウムを1979年11月に開催した[6]. そこで, 石谷清幹教授 (大阪大学工学部) は, 「TMI事故直後, 日本の原発当事者からの主要な反応はつぎの3点であった. ①『考えられぬ操作ミスだから日本では起き得ない』. しかし, 類似事故はアメリカで頻発しており, 日本にも一歩手前までの類似事故があったのだから, 安全技術の確率的諸法則から見て, この主張が成立できぬことは既述した. (浅見注:「同じTMI原発2号炉で13ヵ月前に発生したそっくりの一歩手前事故の経験が, メーカーであるバブコック社の一技師の文書による強力な主張にもかかわらず, TMI原発運転上なんら生かされていない. 日本のJPDR炉でも1976年にそっくりの一歩手前事故があったし, 米国ザイオン原発でも今年あった」. と別のところで石谷は述べている) ②『操作ミスだから非本質的なつまらぬミスだ』と軽く扱おうとする傾向. ③原発の運転現場の操作員の発言が聞こえてこない傾向. この②と③が最近の高浜2号炉の材質ミスに関してもまだ顕著に見られ, TMI事故の米大統領特別委 (ケメニー委と略称) の趣旨が根付き難い…」と述べている. また, 木原正雄教授 (京都大学経済学部) は「なによりもまずTMI原発事故の提起した問題を, 単なる技術的問題, 運転員のミスなどの問題に稀少化することなく, 原子力三原則の精神に立ちかえり, 開発優先を改め, 社会的安全の見地から, 国民の生命, 健康, 財産を守ることを第一にした原子力政策はいかにあるべきかを確定するため, 従来の原子力政策を基本的に考え直すべきである」とレジメの最後で述べている.

4. JCO 事故の経過と JCO および政府の対応

　新聞報道および最近出版された「東海村臨海事故」[7]によれば，JCO 事故は 1999 年 9 月 30 日午前 10 時 35 分に起こった．JCO は 11 時 15 分に科学技術庁に「本日 10 時 35 分ごろ，エアモニター吹鳴，臨界事故の可能性あり」とのファックスを送った．13 時 22 分に原子力研究所那珂研究所で，放射線監視モニターの中性子線量率が異常に増加していることが発見され，担当者ははじめ「ノイズとみられる」とコメントを付けて，科学技術庁に記録をファックスで送信したが，約 1 時間後に「中性子が到達したもの」と訂正を入れた．しかし，科学技術庁として臨界事故と判断し，対策をとったのは，事故発生からかなり後であった．このことは，科学技術庁が安全神話に侵されていたという何よりの証拠であろう．また，科学技術庁と原子力安全委員会の責任能力欠如のまま長年放置していた無責任さとを示していると言われても止むを得まい．

　東海村村長が彼の独自の判断で避難勧告を出したのは 15 時であった．臨界事故により 10 時 35 分のバーストの後，臨界状態は約 20 時間にわたって継続したので，強い中性子線やガンマ線などの放射線によって，周辺の住民は放射線を浴びていた．村長の英断がなければ，住民はその後も放射線を浴び続けていたわけである．政府の「助言」により県知事が 10km 圏内の住民の退避を勧告したのは，事故発生 12 時間後の 22 時 30 分であった．

　臨界事故が起こった際，JCO では「常陽」の燃料用として濃縮度 18.8% の硝酸ウラニル溶液を製造していた．JCO 施設は 2.5% 以下の低濃縮ウランから 20% 以下の中濃縮ウランまでのすべての核燃料物質を処理する加工施設として許可を受けていた．中濃縮ウランを処理する施設として設置許可の申請を受けた原子力安全委員会と科学技術庁の規制当局は，当然，臨界事故対策を含む基準で施設を許可すべきであった．ところが，原子力安全委員会と科学技術庁は臨界事故対策を必要としない濃縮度 5% 以下を対象とするウラン加工指針にしたがって，JOC の設置申請を許可してしまった[7]．そのため，JCO には臨界警報装置はおろか中性子検出装置もなければ，事故発生時に臨界を止めるためのホウ素注入設備もなかったという．国の立ち入り検査もおざなりであったようである．

現在公式に認められている被曝者は，JCO 社員等が死者 2 人を含めて 172 人，防災業務関係者（原研，核燃機構の職員）57 人，消防署員 3 人，一般住民 207 人，合計 439 人である．チェルノブイリ，スリーマイル事故に次ぐ大事故であった．

政府は自己の責任をもっぱら JCO の違法な作業のせいにしようとしているが，誤った作業を行った背景にある政府・原子力業界の「安全神話」と，科学技術庁，原子力安全委員会等の無能力・無責任体制こそが，今回の事故の真の原因であると考えられる．Nature1999 年 10 月 7 日号 513 頁に掲載された「安全規制の欠陥がもたらす危機」との記事の中で，「東海村の原子力事故は近年生じた多くの事故のなかで最悪の事故である．その責任は政府，特に科学技術庁にある．科学技術庁は原子力の安全を適切に制御出来ないことを証明した」「日本政府は，十分なスタッフと専門家のいる有効な規制機関を作れなかったようだ．科学技術庁の原子力安全委員会はパートタイムの学術的専門家のグループである．彼らは，原子力工業のような巨大な，潜在的に危険な工業の安全を制御するのに必要な経験のない，少数の官僚により作成された文書をただ承認するだけである」と述べられている．

日本における技術の空洞化が種々の分野で指摘されているが，JCO 事故はその典型的な例と見ることが出来よう．

5. 臨界事故最終報告書

JCO 臨界事故についてのウラン加工工場臨界事故調査委員会（吉川弘之委員長）の報告書（141 頁）は，1999 年 12 月 24 日に出された．そのなかで「安全神話」の廃棄を提言しており，この点はケメニー報告から 20 年遅れではあるが評価できる．

「安全規制当局の陣容の強化」「原子力安全委員会の規制行政庁からの独立」などが提言されているが，原子力安全委員会の独立・強化についての具体的な提言はない．また，科学技術庁や原子力安全委員会による JOC の事業認可や臨界事故発生後における対応についての批判的検討が抜けているのは問題である．なお，本報告書はきわめて総花的であって，何処に重点があるのか分からない文書である．

6. 原子力事故をなくすために

　以上の諸事実を踏まえて，原子力事故を再び起こさない．または起こっても事故の影響を最小限に押さえるためには，次の諸方策が必要であると考える．

① 「安全神話」は誤りであることを，政府，原子力業界は認め，そのことを口に出して言うこと．彼らが，「原子力は安全」という思想が最も危険であることを真に認識すること．

② 原子力行政を推進する省庁と安全を確保するための省庁を分離すること

③ 原子力事故をなくすために，新たに作る「原子力安全委員会」のメンバーはすべて常任にし，その数を増加し，さらに専門知識を持つ多数の職員をその下に配置すること．

④ 政府・原子力業界は原子力の危険を警告する職員を不当に待遇したり，原子力に不安を抱く住民を敵視しないことを法律によって保障すること．

⑤ 原子力に係る政府職員，原子力業界職員全員に対して，原子力問題全般についての再教育を実施すること．その際，「原子力安全委員会」は，カリキュラムの内容，教育の実施方針，実施状況を監査し，実施した結果の評価を行い，公表すること

⑥ 原子力関連施設の許認可にあたっては，形式的な書類審査ではなくて，実質的な審査を行うこと．また，実質的な立入調査を行うこと（JCOと同様な裏マニュアルの有無についての調査が，全原子力施設について必要であろう）．

⑦ 各原子力関連施設にたいして，シビア・アクシデント原子力事故発生を想定した対策をたてさせ，住民に公開すること．

⑧ 原子力の研究・開発・利用およびその成果に関する重要事項はすべて国民がこれを知ることのできるように，公開すること．

⑨ 問題の大きい原子力発電所から順次廃止すること．

⑩ 技術的に未確立で，きわめて危険なプルサーマル計画を中止すること（詳しくは清水ら著「動燃・核燃・2000年」参照）．

　以上は要するに，日本学術会議の「原子力研究と利用に関し公開，民主，自

主の原則を要求する声明」および「原子力の研究・開発・利用に関する処置について（申入）」の趣旨を尊重すること，そのものである．

7. おわりに

　以上簡単に原子力事故，特にJCO事故の経過とあるべき対策について述べたが，JCO事故やこれまでの原子力関連の事故多発によって，大学工学部の原子力関連学科への学生の志望が減り，遠くない将来，原子力関連の技術者の質が現在以上に低下することが危惧される．また，原子力関連の事故の影響については，とにかく人体に対する影響にのみ目が向けられるが，生態系に及ぼす影響や社会の各方面に及ぼす影響についても問題にされるべきである．

【引用文献】
1) 日本科学者会議編：科学者の権利と地位，p.41（1995），水曜社．
2) 清水・舘野・野口：動燃・核燃・2000年．p.118（1998），リベルタ出版．
3) 文献1) p.42
4) Kemeny. J. G. et al. : Report of the President's Commission on the Accident at Three Mile Island. The Need of Change, The Legacy of TMI. pp.201 (1979)（ハイライフ出版部から，「スリーマイル島原発事故報告」として翻訳出版されている）．
5) International Nuclear Safety Advisory Group: Basic SafetyPrinciples for Nuclear Power, Safety Series No. 75-INSAG-3. IAEA. pp.74 (1988).
6) 原子力安全委員会・日本学術会議：米国スリー・マイル・アイランド原子力発電所事故の提起した諸問題．pp.195（1980）．
7) 舘野・野口・青柳：東海村臨界事故，pp.206（2000）．新日本出版社．

資料 ②

日本の科学者　2003年3月号　(Vol.38, No.3, p.156～159)

放射性物質による環境汚染を防ぐために

　スリーマイル島・チェルノブイリ原発事故に対する米国および国際機関の対応，それに対する日本政府と日本学術会議の考え方の違いについて述べ，さらに，2002年に暴露された電力会社の原発事故隠しと，政府の対応について批判的に触れ，最後に，放射性物質による環境汚染を無くすための若干の提案を行った．

1. はじめに

　放射性物質による環境汚染は主として次の場合に起こると考えられる．
①核エネルギーの戦争利用（核戦争，核兵器の開発，核実験，原子力潜水艦など核エネルギーを燃料とする艦船の航行など，およびそれらの各施設の事故）
②核エネルギーの「平和」利用施設（原子力発電，その他の原子力産業）の事故
③上記の施設から出る放射性廃棄物，および施設，資材の廃棄にともなう汚染であろう．

　核戦争は「核の冬」をもたらすと共に，広範囲の放射性物質による環境汚染を引き起こすことは明らかである．核エネルギーの戦争利用を無くすためには，地球上から核兵器と戦争を無くす必要があろう．

　日本には現在，核兵器がないことになっているので，ここでは核エネルギーの平和利用に関する問題について，特に日本学術会議の活動との関連で述べることにする．

2. 日本学術会議と原子力三原則

　日本学術会議第17回総会（1954年4月23日）は「原子力の研究と利用に関し公開，民主，自主の原則を要求する声明」[1]を決定した．そこでは「わが国

において原子兵器に関する研究を行わないのは勿論外国の原子兵器と関連ある一切の研究を行ってはならない」との決意を表明し，この精神を保障するために「まず原子力の研究と利用に関する一切の情報が完全に公開され，国民に周知されること」「真に民主的な運営によって，わが国の原子力研究が行なわれること」「原子力の研究と利用は，日本国民の自主性ある運営の下に行われるべきこと」を要求している．ここに言う「公開」「民主」「自主」がいわゆる原子力3原則である．その後，1955年12月19日に成立した「原子力基本法」第2条（基本方針）に，日本学術会議が提起した原子力3原則が不十分ながらも盛り込まれている．

さらに，日本学術会議第78回総会（1979年10月26日）は「原子力研究・利用三原則要求声明25周年に際しての声明」[2]で，「…我が国の原子力政策において，この三原則が定着しているとは言い難い．原子力三原則要求25周年にあたり，本会議は，今日改めて三原則のもつ重要性を確認し，その精神が正しく継承発展されるようにここに広く訴えるものである」と述べている．

3. スリーマイル島（TMI）原発事故と日本学術会議

今から23年前の1979年3月に米国のTMI原発でおこった炉心溶融事故の後，米国大統領特別調査会（ケメニー委員長）の報告書[3]は「TMI事故のような深刻な原子力事故を防ぐためには，機構，許認可手続き，方法，また特に原子力規制委員会の姿勢，…原子力産業の姿勢に根本的な変革が必要である」「原子力発電は十分安全だという考えが，いつか確たる信念として根を下ろすに至った．この事実を認識してはじめてTMI事故を防止し得たはずの多くの重要な措置がなぜとられなかったのか，を理解することが出来る」と述べている．

この事故に関連して，1979年11月に日本学術会議は原子力安全委員会と共同でシンポジウムを開催した[4]．そこで，石谷清幹教授（大阪大学工学部）は，TMI事故後日本の原発当事者からの主要な反応は次のようなものであったと述べている．

①考えられぬ操作ミスだから日本では起き得ない　②操作ミスだから非本

質的なつまらぬミスだ ③原発の運転現場の作業員の発言が聞こえてこない．また，「この②と③が最近の高浜2号炉の材質ミスに関してもまだ顕著に見られ，TMI事故の米大統領特別委の趣旨が容易に根付き難い…」とも述べている．また，木原正雄教授（京都大学経済学部）は「なによりもまず，TMI原発事故の提起した問題を，単なる技術的問題，運転員のミスなどの問題に希少化することなく，原子力三原則の精神に立ちかえり，開発優先を改め，社会的安全の見地から，国民の生命，健康，財産を守ることを第一にした原子力政策はいかにあるべきかを確定するため，従来の原子力政策を基本的に考え直すべきである」と述べている．

4. IAEAの国際原子力安全諮問グループ（INSAG）報告

TMI事故とチェルノブイリ原発事故（1986年4月）をうけて，INSAGは「原子力発電所のための基本安全原則」という報告書[5]を1988年出している．その中で「発生確率は非常に低いが，設計上明確に考慮されている事故よりもさらに過酷な事故（『設計基準外』事故）に対しても考慮が払われ」なければならない．「安全当局として独立性を保持し，不当な圧力から守られる」ような規制組織を確立しなけらばならないと述べている．

しかし，ケメニー報告およびINSAG報告後における政府の国会答弁は「我が国の原子力施設におきましては，設計，建設，運転の各段階におきまして厳しい安全規制によりまして十分安全確保対策が実施されておりまして，シビアアクシデントがおこるとは現実的には考えられない程度にまで安全性が高められていると考えております．したがいまして，シビアアクシデント対策の見地から安全規制を改める必要性はないと考えております」（参議院外務委員会会議録第8号，平成2年6月19日）というものであった．

この段階では日本政府も原子力産業も，TMI事故やチェルノブイリ事故から何の教訓も得ず，相変わらず，「安全神話」を信じていたと言うことになろう．

5. JCO事故と日本学術会議「安全に関する緊急特別委員会」

1999年は「安全」に係る事件が多発した．JCO臨界事故，JRでのコンク

リート落下事故，三度にわたるロケット打ち上げ失敗，地下鉄日比谷線脱線事故等々枚挙にいとまがない程であった．そこで，日本学術会議は表記特別委員会を作り，これら事故の原因等について検討して「安全学の構築に向けて（平成12年2月28日）」という報告書[6]を作成した．そのなかで「大きな事故の発生においてよく言われることは『このようなことが起こるとは思いもかけなかった』ということである．起こりそうもない事故は起こり得ないと考えがちである．しかし，結局事故は起こるのである．大きな事故は単一の原因では発生しない．いくつかの要因が複雑に偶然的につながりあって，大惨事に発展するのである」と述べている．この特別委員会に著者も加わっており，JCO事故に関連した報告[7]を書いている．

6. 電力会社の「事故隠し」事件

　最近，雪印乳業，雪印食品，日本ハム等の「嘘つき」食品，三菱マテリアルの子会社である細倉鉱業による排水データの改ざん等が問題となっていたが，東京電力を始めとする各電力会社による原子力発電所についての事故隠し（新聞には「トラブル隠し」と書かれている）が大問題になっている．新聞報道等によれば，少なくとも全国17機の原発で事故隠しがあったという．そのなかには炉心隔壁（シュラウド）のひび割れや再循環系配管のひび割れがあったという．再循環系配管のひび割れ（10機）によって，循環水が漏れた場合，原発が空焚きされ，TMIのような炉心溶融事故につながる恐れがあり，看過できない．大事故は小事故がつながりあって起こるものであろう．そのような意味で「小さな事故であるから問題ない」ではすまされない．さらに東京電力では原子炉格納容器の気密試験を行った際にデータ偽装工作があったという．東京電力の不正に関し経済産業省原子力安全・保安院がまとめた調査報告書には，誰がどのように事故隠しに関与したか明らかにされなかった．それどころか「個人の責任は報告書には書かない．魔女狩りじゃあるまいし」と言ったという．しかし，原発事故隠しの場合は明らかに「事故を隠した人」がいるわけであって，その人の個人責任を明確にしなければ再発防止は困難であろう．これは魔女狩りではない．

さらに，保安院が2002年9月下旬に打ち出した再発防止策の柱は①自主点検の法定化　②違反への罰則　③損傷があっても運転を許容する「維持基準」の導入である．しかし，自主点検の書類にウソがあった場合，それを見抜けるかどうか．損傷があっても運転を続けても良いとした場合，万一大事故につながった場合の責任はどうなるのか，等の問題点が残る．

7. 日本の原発に対する国際原子力機関の調査報告書と原子力安全白書の記述の乖離

　政府の原子力安全委員会が編集している原子力安全白書（1997年版, p.206-207）に「OSARTについては1988年10月，わが国としては初の調査団を関西電力㈱高浜発電所3，4号炉において受け入れたのを始め，1992年（平成4年）3月～4月に東京電力㈱福島第2原子力発電所3，4号炉，1995年（平成7年）2月～3月に中部電力㈱浜岡原子力発電所3，4号炉にも受け入れた．その調査結果によれば，我が国の発電所の運転管理が高く評価されるとともに，今後の運転管理による安全性の一層の向上に向けていくつかの提案がなされた」と書かれている．OSART (Operational Safety and Review Team; 運転管理調査チーム)はIAEA（国際原子力機関）の組織である．

　ところで最近出されたNucleonics Week（2002.9.26）によれば「福島第二原子力発電所3，4号炉を調査したOSARTの専門家は管理を含む51（著者注：表では49）の具体的な勧告を行った．浜岡原子力発電所3,4号炉では40の勧告を行った」と述べており，個々の勧告内容についての一覧表がついている．

　その一覧表によれば，1992年に行われた福島第二原子力発電所3，4号炉については，「管理，組織および監督」についての「問題を正すための勧告(R)」5項目,「改良のための提案(S)」2項目,「訓練」についての「勧告」7項目,「提案」2項目,「運転」についての「勧告」3項目,「提案」6項目,「維持」についての「勧告」1項目,「提案」1項目,「技術的サポート」についての「勧告」1項目,「提案」6項目,「放射線防御」についての「提案」1項目,「化学」についての「勧告」1項目,「提案」1項目,「緊急事態に対する計画および準備」についての「勧告」10項目,「提案」2項目となっていた．また，1995年に行われた浜岡原子力発

電所 3, 4 号炉については,「管理, 組織および監督」についての「勧告」2 項目,「提案」5 項目,「訓練」についての「勧告」4 項目,「提案」3 項目,「運転」についての「勧告」4 項目,「提案」2 項目,「維持」についての「勧告」1 項目,「提案」1 項目,「技術的サポート」についての「提案」1 項目,「放射線防御」についての「提案」2 項目,「化学」についての「勧告」6 項目,「提案」3 項目,「緊急事態に対する計画及び準備」についての「勧告」3 項目,「提案」3 項目となっていた. このように多くの「勧告」や「提案」が出されていたにもかかわらず, 日本政府は「運転管理が高く評価された」と原子力安全白書に記述していたわけである. 嘘つきは東京電力を始めとする各電力会社だけではなく, 政府の原子力安全委員会も嘘をついていたと言うことである.

8. 日本原子力学会倫理規定

日本原子力学会は 2001 年 5 月 23 日に次の倫理規定[8]を決定した.

「原子力が人類に著しい利益をもたらすとともに, 大きな災禍をも招く可能性があることを我々は常に深く認識し, 原子力による人類の福祉と持続的発展ならびに地域と地球の環境保全への貢献を希求する.

そのため原子力の研究, 開発および教育に取り組むにあたり, 公開の原則のもとに, 自ら知識・技能の研鑽を積み, 自己の行為に誇りと責任を持つとともに常に自らを省み, 社会における調和を図るよう努め, 法令・規則を遵守し, 安全を確保する.

これらの理念を実践するため, 我々日本原子力学会員は, その心構えと言行の規範をここに制定する」

憲 章

1. 会員は, 原子力の平和利用に徹し, 人類の直面する諸問題の解決に努める.
2. 会員は, 公衆の安全を全てに優先させてその職務を遂行し, 自らの行動を通じて公衆が安心感を得られるよう努力する.

3. 会員は，自らの専門能力の向上に努めるとともに，関係者の専門能力向上についても努力する．
4. 会員は，自らの能力の把握に努め，その能力を超えた業務を行うことに起因して社会に重大な危害を及ぼすことがないよう行動する．
5. 会員は，自らの有する情報の正しさを確認するよう心掛け，公開を旨とし説明責任を果たすよう行動する．
6. 会員は，事実を尊重し，公平・公正な態度で自ら判断を下すよう努力する．
7. 会員は，本憲章の他の条項に抵触しないかぎり，専門の業務に関し契約のもとに誠実に行動する．
8. 会員は，原子力に従事することに誇りを持ち，その職に与えられている栄誉を高めるよう努力する．

この憲章の内容と電力各社や原子力委員会の挙動との間には大きな乖離がある．

9. 放射性物質による環境汚染を無くすために

日本における放射性物質による汚染は，主として原子力発電所およびその関連施設の事故等によって生じると考えられる．当面，原子力発電所およびその関連施設からの放射性物質の放出を防ぐためには次の施策が必要であろう．
①今回の事故隠しの全容を解明のために，第三者機関による調査を実施すること
②安全確保のために，独立した原子力規制機関を確立すること
③原子力発電所およびその関連施設の総点検を行うこと．
④発電のために原発を用いる政策を転換し，太陽光発電，風力発電，バイオマスによる発電等の開発・利用を図ること．なお，非常に危険であると考えられ，米国，ドイツ等が計画を中止しているプルトニウム循環方式（プルサーマル計画）は中止すること．

最近における企業の不正はほとんどすべて内部告発によって発覚した．しか

し，東京電力の場合，ゼネラル・エレクトリック・インターナショナル社の元技術者からの告発であって，電力各社では内部告発さえ許されない状況があるようである．しかも，原子力安全・保安院は告発に係る事実の調査を引き延ばし，その告発者名を会社側に通知したという．独立した原子力規制機関の確立が必要である．

［この小文は2002年11月1日に，日本学術会議「荒廃した生活環境の先端技術による回復研究連絡委員会」によって開催されたシンポジウム「放射性物質による環境汚染の予防にむけて」において，コメンテーターを依頼された著者が書いた予稿集の内容に手を加えたものである］

【引用文献】

1) 日本科学者会議編：科学者の権利と地位，p.41(1995)，水曜社
2) 同上，p.42
3) Kemeny, J.G. et al.,:Report of the President's Commission on the Accident at Three Mile Islannd, The Need of Change: The Legacy of TMI, pp.201 (1979) (ハイライフ出版部から，「スリーマイル島原発事故報告」として翻訳出版されている).
4) 原子力安全委員会・日本学術会議：米国スリーマイル・アイランド原子力発電所事故の提起した諸問題，pp.195 (1980).
5) International Nuclear Safety Advisory Group: Basic Safety Principles for Nuclear Power Plants, Safety Series No.75-INSAG-3, IAEA, pp.74 (1988).
6) 日本学術会議　安全に関する緊急特別委員会：安全学の構築に向けて，pp.23 (2000).
7) 浅見輝男：原子力産業における安全確保，日本の科学者，35, 325-329 (2000).
8) 西原英晃：原子エネルギーと技術者倫理，日本機械学会編，技術者の倫理の現状を考える，p.7-12 (2002).

資料 ③

食品の調理・加工による放射性核種の除去

　この問題については，「原子力環境整備センター (1994) 食品の調理・加工による放射性核種の除去率，132頁」(http://www.rwmc.or.jp/library/other/kankyo/ にかなり詳しく書かれている．

　食品の調理・加工による放射性核種除去の本書の主題ではないので，p.3～4 に述べられている事項について簡単に紹介する．

米と麦：玄米を白米にするとストロンチウム-90 の除去率は 70％あるいは 80～90％であり，さらに白米をとぐ（水洗）ことによって，ストロンチウム-90 が 50％除去される．セシウム-137 は，玄米を白米にすると 65％除去される．しかし，玄米を白米にするとカルシウム，リン，鉄，マグネシウム，カリウムは 50～70％ 失われる．コムギについて，経根吸収させた場合でも，製粉によってセシウム-137，ストロンチウム-90，マンガン-54，コバルト-60 を 20～50％除去できる．

野菜：果菜類のキュウリやナスは，水洗すると放射性降下物であるストロンチウム-90 の 50～60％が除去できる．葉菜類のホウレンソウやシュンギクなどは煮沸処理（いわゆる「あくぬき」）によって，セシウム-137 やヨウ素-131 の 50～80％を除去できる．酢漬けのキャベツやレタスのストロンチウム-90 は 30～60％が除去でき，小さいキュウリの酢漬け（ピクルス）では放射性降下物の 90％が除去できる．

畜産物：牛乳のストロンチウム，セシウム，ヨウ素の 80％は脱脂乳に移り，精製したバターへの移行は 1～4％である．脱脂乳を酸処理して得たチーズ（酸処理）には，2～6％が移り，放射性核種の大部分はホエー（注：チーズとなる凝乳を分離した後の液状部分で乳清ともいう）に残る．また，脱脂乳を酵素によって凝固させて製造したレンネットチーズではセシウムとヨウ素は 2％程度であるが，ストロンチウムの 80％が移行する．

水産物：放射性核種は概して魚の内臓に集まるので，内臓を除くと大幅に放射

性核種が減少する．ただし，ストロンチウム -90 は骨に集まる．魚肉の放射性核種は，調理の際の水洗や煮沸によって減少する．太平洋核爆発実験汚染海域で漁獲された体内汚染したキハダマグロの魚肉（注：放射性の亜鉛，鉄，カドミウム，セシウム等が放射性核種の主成分）を水浸出すると 50％の放射能が除去された．また，肝臓の放射能は肝油（ビタミン剤）へはほとんど移行しない．貝やエビのストロンチウム -90 は，水洗で 10～30％，食塩水（3％）では 30～70％除去される．カワマスのセシウム -137 は煮沸処理によって 50％除去される．

おわりに

　今回の報告は，以上で一応終わることにする．今後，被害の実相や各種の問題点が明らかになっていくものと信じている．それにしても，福島第一原発大事故の被害を受けられた人々の将来に思いを致すとき，暗澹とせざるを得ない．チェルノブイリ原発事故から25年たっても，故郷に帰れない人々が大勢いることを見るにつけ，福島第一原発付近の住民はいつ故郷に帰れるのであろうか．このような状況の下で，再び各地の原発を稼働させようという大臣や総理の存在をどのように考えるべきか．国民の平和と安全に責任を持っていると胸を張って言える政治家は何人いるのであろうか．

　さて，話は変わるが，本書を書く過程で分かったことであるが，チェルノブイリ原発汚染地では，放射性核種の除染のために菜種を栽培している，ヒマワリを栽培しているなどと，まことしやかに言う「専門家」がいたが，IAEA (2006) の報告書を見ると，これがでたらめであることが判った．そういえば，福島第一原発大事故の直後に，土壌汚染が問題になった際に，土壌は大気圏核爆発実験で汚染されたものだなどと呑気なことを言っている「専門家」もいた．この人は大気圏核爆発実験による大気降下物によって日本の土壌がどの程度汚染されているか，福島第一原発大事故によって土壌がどれくらい汚染されているかを知っていて発言したのであろうか．また，放射性核種を含んだ水を海に流した時に，海に流しても薄まるから問題はないと言っていた「専門家」もいた．太平洋の真ん中で大男が長い棒で海水を撹拌しているとでも思っているのであろうか．すぐにウソがばれるようなことは，言わない方がよいということをこれらの人々は知らないのであろうか．また，農地の除染のために表層5cmを削り取ればよい，といった「専門家」もいたようである．

また，枝野官房長官は「直ちに健康には影響ない」とエンドレステープのように繰り返していたが，直ちに影響がないことは誰でもわかっている．問題は将来どのような影響があるか，ということである．

　東電・財界・政府などの原発推進グループとして，甘い汁を吸っていた人，またそのおこぼれに与っていた御用学者・技術者等は，どの程度責任を感じているのであろうか．菅首相は，海江田経済産業相が定期点検期の原発の再稼働を求める方針を表明したことに関し，「私もまったく同じだ」と述べたという．菅首相が今やるべきことは，原発の再稼働ではなくて，原発難民の救援であろう．また，イタリア，ドイツ，スイスなどのように，原発の廃止であろう．イタリア，ドイツ，スイスで出来ることがなぜ日本では出来ないのか．

　また，東日本大震災に便乗して，憲法改悪や農業を根底から破壊することが明らかであるTPP（環太平洋経済連携協定）を進めている人々もいる．こういう輩の行為を，日本人は「火事場泥棒」といったものである．

　いずれにせよ，日本国民はこのような人々に政治をまかせているわけである．彼らをしっかり見張って，より良い国を造るための努力が必要であると痛感する今日この頃である．

　福島第一原発大事故に関する諸問題のほとんどすべては，今後に残されている．作物もこれからは根からセシウム-134やセシウム-137を吸収することになろう．新しい事実が明らかになった際には，また本書の続編を出さざるを得ないのであろうか．

2011年7月20日
我孫子にて　　浅見輝男

引用文献

浅見輝男（2000）原子力産業における安全確保，日本の科学者，**35**：325-329.

浅見輝男（2010）改訂増補 データで示す―日本土壌の有害金属汚染，615 頁，アグネ技術センター．

伊藤正志（2004）秋田県におけるイネを用いたファイトレメディエーション研究概要，肥料，No.**98**：56-60.

原子力安全委員会（1980）原子力施設等の防災対策について，111 頁.

IAEA（2006）Environmental Consequences of the Chernobyl Accident and their Remediation: Twenty Years of Experience, Report of the Chernobyl Forum Expert Group 'Environment', pp.166.

IAEA（2010）Handbook of Parameter Values for the Prediction of Radionuclide Transfer in Terrestrial and Freshwater Environments, *Technical Reports series* No. **472**, pp.194.

駒村美佐子・津村昭人（1994）誘導プラズマ質量分析法による土壌から白米への放射性核種の移行係数算定，Radioisotopes, **43**:1-8.

Komamura, M., Tsumura, A., Yamaguchi, N., Kihou, N. and Kodaira, K.（2005）Monitoring Sr-90 and Cs-137 in rice, wheat, and soil in Japan from 1959 to 2000, *Misc. Publ. Natl. Inst. Agro-Environ. Sci.*, **28**:1-56.

駒村美佐子・津村昭人・山口紀子・藤原英司・木方展治・小平 潔（2006）わが国の米，小麦および土壌における Sr-90 と Cs-137 濃度の長期モニタリングと変動解析，農環研報，**24**:1-21.

厚生省保健医療局監修（1998）平成 10 年版国民栄養の現状，143 頁，第一出版.

野口邦和（2011a）　放射能のはなし，214 頁，新日本出版社.

野口邦和（2011b）福島原発災害の危機と国民の安全，前衛 6 月号，39-55.

舘野 淳・野口邦和・青柳長紀（2000）東海村臨界事故，206 頁，新日本出版社.

Tsukada, H., Nakamura, Y.（1998）Transfer factor of 31 elements in several agricultural plants collected from 150 farm fields in Aomori, Japan, *Journal of Radioanalytical and Nuclear Chemistry*, **236**: 123-131.

Tsukada, H., Nakamura, Y.（1999）Transfer of Cs-137 and stable Cs from soil to potato in agricultural fields, *The Science of Total Environment*, **228**: 111-120.

引用文献

Tsukada, H., Hasegawa, H., Hisamatsu, S., Yamasaki, S.（2002） Transfer of Cs-137 and stable Cs from paddy soil to polished rice in Aomori, Japan, *Journal of Environmental Radioactivity*, **59**: 351-363.

Tsukada, H., Hisamatsu, S., Inaba, J.（2003）Transfer of Cs-137 and stable Cs in soil-grass-milk pathway in Aomori, Japan, *Journal of Radioanalytical and Nuclear Chemistry*, **255**: 455-458.

Tsukada, H., Takeda, A., Takahashi, T., Hasegawa, H., Hisamatsu, S., Inaba, J.（2005） Uptake and distribution of Sr-90 and stable Sr in rice plants, *Journal of Environmental Radioactivity*, **81**: 221-231.

津村昭人・駒村美佐子・小林宏信（1984）土壌及び土壌－植物系における放射性ストロンチウムとセシウムの挙動に関する研究，農技研報 B，**36**: 57-113.

UNSCEAR（United Nations Scientific Committee on the Effects of Atomic Radiation）（2000）Exposures and effects of the Chernobyl accident, p.453-566.

索　引

*対象抽出範囲：p.1〜95
*チェルノブイリ原発事故は(C)と略記した.

《事　項》

【あ行】

アイナメ……………………………… 46
アユ…………………………………… 45, 46
荒川沖積土壌………………………… 62
荒茶…………………………………… 43
アラメ………………………………… 44
アルカリリグニン…………………… 59
アルファルファ……………………… 69
アロフェン…………………………… 55
イカナゴ……………………………… 45
移行係数……………………… 67, 73 74
　　———：IAEA …………………… 69
　　———：原子力環境整備センター … 74
　　———：農水省 ………………… 71
イシガレイ…………………………… 46
移住権利のある居住ゾーン(C) …… 88
移住ゾーン(C) ……………………… 88
イチゴ………………………………… 72
稲わら………………………… 37, 59
イワナ………………………………… 46
ウグイ………………………………… 46
ウクライナ汚染地(C) ……………… 89
雨水溶脱……………………………… 60
ウニ…………………………………… 46
うめ…………………………………… 44
エゾイソアイナメ…………………… 46
オート麦……………………………… 69
オオムギ……………………………… 69
汚染経路(白米, 玄麦)……………… 84

【か行】

塊茎…………………………………… 70
カオリナイト………………………… 53
かき菜………………………………… 39
かぶ…………………………………… 44
カボチャ……………………………… 70
環境影響調査の必要性(日本) …… 94
関東大震災…………………………… 2
キタムラサキウニ…………………… 46
キャベツ…………………… 33, 36, 37, 69, 83
吸収
　花面吸収………………………… 62
　基部……………………………… 62
　葉面……………………………… 62
吸収率の経年変化(水稲)………… 65
吸着−固定(有機物) ……………… 59
牛肉………………………………… 32, 37
牛乳………………………… 10, 32, 34, 38, 68, 90
キュウリ…………………………… 70, 74
陽イオン添加影響………………… 64
経年推移(玄米, 白米, 玄麦中) … 80
減少率(C), (Cs-137, Sr-90)
　　———：改良(根本的, Cs-137, Sr-90) … 93
　　———：改良(表面, Cs-137, Sr-90) … 93
　　———：耕耘(通常の, Cs-137) ……… 93
　　———：飼料作物の変更(Cs-137) …… 94
　　———：スキム耕耘(Cs-137) ………… 93
　　———：セシウム結合物質(Cs-137) 93, 94
　　———：石灰施用(Cs-137, Sr-90) …… 93
　　———：天地返し(Cs-137) …………… 93

減少率：菜種油製造(Cs-137, Sr-90)… 94
──：ミルクバター製造工程
　　　　(Cs-137, Sr-90)………… 94
──：無機質肥料(Cs-137, Sr-90)… 93
──：有機質肥料(Cs-137, Sr-90)… 93
原乳（福島県）………………… 33, 35
玄麦………………………… 75, 80〜85
玄麦経年推移……………………… 81
玄麦／小麦粉比…………………… 81
玄米……………… 62〜64, 66, 74, 75, 80〜82
玄米濃縮（各種肥料添加）……… 63
玄米／白米比経年推移…………… 80
甲府土壌……………………… 55, 61
穀物………………………… 70, 89
固定………………………… 53, 55
小松菜……………………………… 39
小麦………………… 12, 74, 75, 69, 83
小麦出穂日と(C)………………… 83
米………………… 12, 67, 68, 73

【さ行】
サンチュ…………………………… 39
暫定規制値（食品）……………… 9
暫定許容レベル（食品）, (C)…… 90
三陸沖地震………………………… 2
三陸地震津波……………………… 2
しいたけ（原木・露地）………… 44
自然放射能………………………… 16
実効線量係数（経口, 吸気）…… 14
実効半減期………………………… 16
社会経済的な特典のある居住ゾーン(C)
　……………………………………… 88
ジャガイモ………………… 69, 70, 72, 89
修復（汚染土壌の）……………… 46
──：化学的方法………………… 50
──：生物学的方法（植物修復）… 49
──：農業土木的方法…………… 47

住民の避難（福島原発大事故）…… 5
重量－面積換算（放射性セシウム）… 29
春菊………………………………… 39
貞観地震…………………………… 2
食品種類別摂取量（日本人）…… 11
除染………………………………… 6
シラス…………………………… 45, 46
水稲の土壌吸収…………………… 62
──（各種肥料添加）…………… 63
清浄給餌(C)…………………… 92, 94
生物学的半減期…………………… 16
セルリー…………………………… 39

【た行】
大気圏内核爆発実験……………… 51
高田土壌……………………… 55, 59, 61
たけのこ…………………………… 44
湛水処理…………………………… 59
湛水－温度(Cs, Sr 固定)……… 60
チェルノブイリ事故
　（放射性核種放出量）……… 7, 8, 87
茶………………… 11, 12, 41, 43〜45, 94
直接汚染（水稲）………………… 66
チンゲンサイ……………………… 39
天地返し……………………… 48, 93
トウモロコシ………………… 69〜71
土壌………………………………… 52
土壌汚染（福島県）……………… 18
──（福島県周辺県）…………… 25
──市町村別（福島県）………… 19
──農用地（福島県）……… 22, 23
土壌処理(C)……………………… 91
土壌中挙動………………………… 55
土壌表面汚染図……………… 26〜30
トマト………………………… 68, 70

【な行】
肉…………………………………… 89

索　引

2：1型粘土鉱物 ……………………… 53
ニンジン ……………………………… 70
ニンニク……………………………… 69
ネギ…………………………………… 72
粘土鉱物……………………………… 54
【は行】
ハクサイ…………………………… 68, 69
白米………… 12, 67, 68, 80〜82, 84, 85
パセリ…………………………… 39, 44, 83
二十日大根…………………………… 70
半減期………………………………… 15
半減期（水田・畑作土中）………… 79
阪神淡路大震災……………………… 3
pHの影響（吸着・固定）…………… 58
ヒジキ………………………………… 44
ヒマワリ…………………………… 47, 92
腐植酸………………………………… 59
物理学的半減期…………………… 8, 16
ベクレル−マイクロシーベルト換算… 14
ベラルーシ汚染地（C）……………… 89
ヘロシアン化合物（プルシアンブルー）
　　　　（C）………………………… 93
宝永地震……………………………… 2
放射性核種情報（CTBT）…………… 7
放射線の感受性……………………… 12
放射線量の換算……………………… 13
ホウレンソウ… 33, 35, 36, 38〜41, 44, 69, 83
ホッキ貝……………………………… 46
【ま行】
マイクロシーベルト−ベクレル換算… 14
ミルク（C）…………………………… 89
麦完熟堆肥…………………………… 59
無人ゾーン…………………………… 88
ムラサキイガイ…………………… 45, 46
モズクガニ…………………………… 46
盛岡土壌…………………………… 55, 61

モンモリロナイト…………………… 53
【や行】
野菜汚染（福島県）…………………… 33
ヤマメ……………………………… 45, 46
有機物（吸着・固定）………………… 58
陽イオン添加（吸着・固定）………… 56
ヨーロッパ諸国の土壌汚染面積（C）… 88
【ら行】
ロシア汚染地（C）…………………… 89
【わ行】
ワカサギ…………………………… 45, 46
ワカメ………………………………… 44

《放射性核種別》
【放射性ヨウ素】
暫定規制値（食品，日本）………… 10, 11
双葉町（福島）………………………… 21
【ヨウ素-131】
あぶらな……………………………… 34
イカナゴ……………………………… 45
かぶ…………………………………… 34
キャベツ………………………… 34, 36, 37
茎立菜………………………………… 34
くさそてつ（こごみ）………………… 34
原乳……………………………… 33〜35
紅菜苔………………………………… 34
小松菜………………………………… 34
山東菜………………………………… 34
しいたけ……………………………… 34
信夫冬菜……………………………… 34
セリ…………………………………… 34
たけのこ……………………………… 34
ちぢれ菜……………………………… 34
土壌表面汚染図……………………… 29
濃度（3月15日）……………………… 7
パセリ………………………………… 39

索　引

花ワサビ………………………………	34
半減期(各種，人体影響)………………	16
ビタミンナ………………………………	34
ブロッコリー……………………………	34
放出見積量(C)…………………………	7
放出量(福島)……………………………	7
ホウレンソウ……………………………	34
────濃度推移……	36, 38～41

【放射性セシウム】

アイナメ…………………………………	46
あぶらな…………………………………	34
アユ……………………………………	45, 46
荒茶………………………………………	43
アラメ……………………………………	44
イカナゴ…………………………………	45
イシガレイ………………………………	46
稲わら……………………………………	37
イワナ……………………………………	46
ウニ………………………………………	46
うめ………………………………………	44
エゾイソアイナメ………………………	46
かぶ……………………………………	34, 44
キタムラサキウニ………………………	46
キャベツ………………………	34, 36, 37
牛肉………………………………………	37
茎立菜……………………………………	34
くさそてつ(こごみ)……………………	34
原乳…………………………………	33～35
玄麦………………………………………	83
紅菜苔……………………………………	34
小松菜…………………………………	34, 83
米(白米含む)……………………………	67
暫定規制値(食品，日本)……………	10, 11
────(食品，ロシア)(C)……	11, 90
暫定規制値超え野菜類…………………	44
山東菜……………………………………	34

しいたけ………………………………	34, 44
信夫冬菜…………………………………	34
シラス…………………………………	45, 46
セリ………………………………………	34
たけのこ………………………………	34, 44
ちぢれ菜…………………………………	34
地表面蓄積量……………………………	27
茶………………………………………	43, 44
土壌汚染(福島および周辺県)……	24～26
────(福島県市町村別)………	19
農用地・土壌汚染(福島県市町村別)	22, 23
パセリ…………………………………	44, 83
花ワサビ…………………………………	34
ヒジキ……………………………………	44
ビタミンナ………………………………	34
ブロッコリー……………………………	34
ホウレンソウ…………………………	34, 38, 80
────濃度推移……………	36, 39～41
ホッキ貝…………………………………	46
水菜………………………………………	34
ムラサキイガイ………………………	45, 46
ヤマメ…………………………………	45, 46
ワカサギ………………………………	45, 46
ワカメ……………………………………	44

【セシウム-134】

土壌(新潟県)……………………………	25
土壌表面汚染図…………………………	29
濃度(3月15日)…………………………	7
半減期(各種，人体影響)………………	16
物理学的半減期…………………………	8
放出見積量(C)…………………………	7

【セシウム-137】

移行係数(IAEA)………………………	69
────(土壌─イチゴ)……………	72
────(土壌─イモ類)……………	74
────(土壌─塊茎)………………	70

索　引

移行係数（土壌―果菜類）‥‥‥‥‥　74
　―――（土壌―カボチャ）‥‥‥　69, 72
　―――（土壌―カラシナ）‥‥‥‥　72
　―――（土壌―灌木果実）‥‥‥‥　70
　―――（土壌―キャベツ）‥‥‥　69, 72
　―――（土壌―キュウリ）‥‥‥　69, 72
　―――（土壌―グースベリー）‥‥　73
　―――（土壌―穀物）‥‥‥‥　70, 74
　―――（土壌―米）‥‥‥‥‥‥‥　74
　―――（土壌―根菜）‥‥‥‥‥‥　70
　―――（土壌―根菜類）‥‥‥‥‥　74
　―――（土壌―サツマイモ）‥‥‥　72
　―――（土壌―ジャガイモ）‥‥　69, 72
　―――（土壌―樹木果実）‥‥‥‥　70
　―――（土壌―草本果実）‥‥‥‥　70
　―――（土壌―ソラマメ）‥‥‥‥　72
　―――（土壌―ダイコン）‥‥‥　69, 72
　―――（土壌―種実類）‥‥‥‥‥　74
　―――（土壌―タマネギ）‥‥‥‥　72
　―――（土壌―テンサイ）‥‥‥‥　73
　―――（土壌―トウモロコシ）‥‥　70
　―――（土壌―トマト）‥‥‥‥　69, 72
　―――（土壌―ニンジン）‥‥‥　69, 72
　―――（土壌―ニンニク）‥‥‥‥　69
　―――（土壌―ネギ）‥‥‥‥‥‥　72
　―――（土壌―ハーブ）‥‥‥‥‥　70
　―――（土壌―ハクサイ）‥‥‥　69, 72
　―――（土壌―非葉菜）‥‥‥‥‥　70
　―――（土壌―ぶどう）‥‥‥‥‥　73
　―――（土壌―ブラックカラント）　73
　―――（土壌―ホウレンソウ）‥‥　72
　―――（土壌―牧草）‥‥‥‥　69, 70
　―――（土壌―豆科牧草）‥‥‥‥　70
　―――（土壌―豆科野菜）‥‥‥‥　70
　―――（土壌―メロン）‥‥‥‥　69, 72
　―――（土壌―ヤマイモ）‥‥‥‥　69

移行係数（土壌―葉菜）‥‥‥‥‥‥　70
　―――（土壌―葉菜類）‥‥‥‥‥　74
　―――（土壌―りんご）‥‥‥‥‥　73
　―――（土壌―レタス）‥‥‥‥‥　72
　―――（牧草―牛乳）‥‥‥‥‥‥　68
汚染経路検討（玄麦, 日本）‥‥‥‥　84
　―――（白米, 日本）‥‥‥‥‥‥　84
汚染レベルによる地域区分（C）‥‥　28
吸収率（経年変化）‥‥‥‥‥‥‥‥　65
吸収（水稲による）‥‥‥‥‥‥‥‥　63
吸収（陽イオン影響）‥‥‥‥‥‥‥　64
減少率（C）‥‥‥‥‥‥‥‥‥　93, 94
玄麦, 経年推移（日本）‥‥‥‥‥‥　81
玄麦／小麦粉比‥‥‥‥‥‥‥‥‥‥　81
玄米・白米, 経年推移（日本）‥‥‥　80
穀物―土壌降下量（ベラルーシ, ロシア,
　　ウクライナ）（C）‥‥‥‥‥‥　89
固定‥‥‥‥‥‥‥‥‥‥　55, 58〜61
小麦出穂期と濃度（C）‥‥‥‥‥‥　83
米（白米含む）‥‥‥‥‥‥‥‥‥‥　67
ジャガイモ―土壌降下量（ベラルーシ,
　　ロシア, ウクライナ）（C）‥‥‥　89
水田土壌・作物推移‥‥‥‥‥‥‥‥　75
水田土壌中交換態・全セシウム推移
　　（日本）‥‥‥‥‥‥‥‥‥‥‥　76
水田土壌（新潟上越市）‥‥‥‥‥‥　25
地表面蓄積量（C）‥‥‥‥‥‥‥‥　42
直接汚染（水稲）‥‥‥‥‥‥‥‥‥　66
土壌表面汚染図‥‥‥‥‥‥‥　28〜30
土壌（福島・浪江町）‥‥‥‥‥‥‥　9
土壌（福島・双葉町）‥‥‥‥‥‥‥　9
肉―土壌降下量（ベラルーシ, ロシア,
　　ウクライナ）（C）‥‥‥‥‥‥　89
濃縮（玄米による）‥‥‥‥‥‥‥‥　63
濃度（3月15日）‥‥‥‥‥‥‥‥‥　7
畑土壌中推移‥‥‥‥‥‥‥‥‥‥‥　77

半減期（各種，人体影響）……… 16
半減期（水田・畑土壌中）……… 79
物理学的半減期……………………… 8
放出見積量（C）…………………… 7
ミルク―土壌降下量（ベラルーシ，
　ロシア，ウクライナ）(C) ……… 89
ヨーロッパ汚染面積（C）………… 88

【ストロンチウム-90】
移行係数（土壌―イモ類）……… 74
―――（土壌―塊茎）…………… 71
―――（土壌―果菜類）………… 74
―――（土壌―カボチャ）……… 69
―――（土壌―灌木果実）……… 71
―――（土壌―キャベツ）……… 69
―――（土壌―キュウリ）……… 69
―――（土壌―穀物）………… 71, 74
―――（土壌―米・白米）…… 67, 74
―――（土壌―根菜類）……… 71, 74
―――（土壌―ジャガイモ）…… 69
―――（土壌―種実類）………… 74
―――（土壌―樹木果実）……… 71
―――（土壌―草本果実）……… 71
―――（土壌―ダイコン）……… 69
―――（土壌―トウモロコシ）… 71
―――（土壌―トマト）………… 69
―――（土壌―ニンジン）……… 69
―――（土壌―ニンニク）……… 69
―――（土壌―ハーブ）………… 71
―――（土壌―ハクサイ）……… 69
―――（土壌―白米）…………… 67
―――（土壌―非葉菜）………… 71
―――（土壌―牧草）………… 69, 71
―――（土壌―豆科牧草）……… 71
―――（土壌―豆科野菜）……… 71
―――（土壌―メロン）………… 69
―――（土壌―ヤマイモ）……… 69

移行係数（土壌―葉菜類）…… 71, 74
汚染経路検討（玄麦, 日本）…… 84
―――（白米, 日本）…………… 84
吸収率（経年変化）……………… 65
吸収（水稲による）……………… 63
―――（陽イオン添加の影響）… 64
減少率（C）…………………… 93, 94
玄麦／小麦粉比………………… 81
玄麦, 経年推移（日本）………… 81
玄米・白米, 経年推移（日本）… 80
固定…………………… 56, 58, 60, 61
暫定規制値（食品, ロシア）(C) … 12, 90
水田土壌中交換態・全ストロンチウム
　推移（日本）………………… 76
水田土壌・作物推移……………… 75
直接汚染（水稲）………………… 66
土壌（福島）…………………… 21
土壌（福島・浪江町）……………… 9
濃縮（玄米による）……………… 63
畑土壌中推移…………………… 77
半減期（各種, 人体影響）……… 16
半減期（水田・畑土壌中）……… 79
物理学的半減期…………………… 8
放出見積量（C）…………………… 7

《地　名》

【福島県】
福島県………… 18, 21, 26, 30, 32, 38, 83
会津坂下町…………………… 19, 23, 33, 34
会津美里町…………………………… 19, 23
会津若松市…………………… 19, 23, 33, 34
浅川町………………………… 19, 22, 34, 37
飯舘村………………… 19, 20, 23, 31～35, 46
石川町………………………………… 19, 22, 34
泉崎村………………………… 19, 20, 22, 34, 36
猪苗代町…………………………… 19, 23, 46

索　引

いわき市	19, 21, 23, 28, 32, 34, 44, 46
大玉村	19, 20, 22, 34
小野町	19, 20, 22, 34
鏡石町	19, 22, 34
葛尾村	19, 23, 33
金山町	18, 20, 23
川内村	19, 20, 23
川俣町	19, 20, 22, 33〜35, 44
喜多方市	19, 23, 37, 38
北塩原村	19, 23, 46
国見町	19, 22, 32, 34, 44
桑折町	19, 20, 22, 34, 44
郡山市	19, 20, 22, 37, 38
鮫川村	19, 22, 34
下郷町	19, 21, 23, 33, 34
昭和村	18, 23
白河市	19, 22, 34, 37, 38, 46
新地町	19, 23, 34
須賀川市	19, 20, 22, 34
相馬市	19, 23, 34, 38, 44, 46
只見町	19, 23
伊達市	19, 20, 22, 34, 44, 46
棚倉町	19, 22, 34
玉川村	19, 22, 34
田村市	19, 20, 22, 33, 34
天栄村	19, 22, 34, 44
中島村	19, 22, 34
浪江町	19, 20, 23, 33
西会津町	19, 23
西郷村	19, 22, 33, 34, 44
二本松市	19, 20, 22, 31, 33, 34
塙町	19, 22, 34, 44, 45
磐梯町	19, 23
檜枝岐村	19, 23
平田村	19, 22, 34
広野町	19, 23
福島市	19, 20, 22, 28, 34, 44, 46
双葉町	21
古殿町	19, 22, 34
三島町	18, 20, 23
南会津町	19, 23
南相馬市	19, 23, 34, 36, 37, 44, 46
三春町	19, 20, 22, 34, 44
本宮市	19, 20, 22, 31, 33, 34, 44
柳津町	23
矢吹町	19, 22
矢祭町	19, 22, 34
湯川村	23

【青森県】
青森県	37, 68

【秋田県】
秋田市	82
大曲市	81

【茨城県】
茨城県	24〜26, 28, 31, 38, 44, 45
稲敷市	25
茨城町	38, 40, 43, 44
北茨城市	28, 38
古河市	38, 44
境町	44
常総市	43, 44
城里町	43, 44
大子町	38, 44
高萩市	38, 45
つくば市	38, 79, 81
東海市	38
取手市	29
那珂市	38
坂東市	43, 44
日立市	38
常陸太田市	38, 43, 44
常陸大宮市	43, 44

ひたちなか市……………………… 38
鉾田市……………………… 38, 39, 83
水戸市………………………… 77, 81
守谷市………………………… 38, 39
龍ヶ崎市…………………………… 25
【岩手県】
盛岡市……………………………… 82
【愛媛県】
松山市……………………………… 38
【大阪府】
羽曳野市……………… 75, 77, 79, 81, 82
【岡山県】
山陽町………………………… 81, 82
【神奈川県】
神奈川県………………… 24～26, 38
愛川町…………………………… 43, 44
小田原市………………………… 43, 44
清川村…………………………… 43, 44
相模原市…………………………… 26
真鶴町…………………………… 43, 44
南足柄市………………………… 43, 44
湯河原町………………………… 43, 44
【岐阜県】
岐阜県……………………………… 37
【群馬県】
群馬県………………… 26, 32, 38, 39
伊勢崎市………………………… 39, 41
渋川市……………………………… 44
下仁田町…………………………… 26
高崎市……………………………… 39
嬬恋村……………………………… 26
◆埼玉県
埼玉県………………… 24～26, 37, 38
秩父市……………………………… 26
【千葉県】
千葉県……………… 24～26, 29, 32, 38, 39, 44

旭市………………………………… 39
大網白里町……………………… 43, 44
香取市…………………………… 26, 39
山武市……………………………… 44
多古町……………………………… 39
富里市…………………………… 43, 44
流山市……………………………… 29
成田市…………………………… 26, 44
野田市……………………………… 44
八街市…………………………… 43, 44
【東京都】
東京都………………………… 37, 40, 83
江戸川区………………………… 39, 83
【栃木県】
栃木県………………… 24～26, 29, 32, 38, 39, 83
宇都宮市………………………… 39, 43
大田原市…………………………… 43
鹿沼市……………………………… 43
上三川町………………………… 39, 40
さくら市…………………………… 39
下野市……………………………… 39
那須町……………………………… 28
那須塩原市………………… 25, 28, 32
日光市……………………………… 26
壬生町……………………………… 39
真岡市……………………………… 39
矢板市……………………………… 25
【新潟県】
新潟県………………………… 24～26
上越市……………………… 25, 75, 77, 81
長岡市…………………………… 77, 79
【福岡県】
筑紫野市………………………… 80, 81
【北海道】
札幌市…………………………… 77, 81

索　引

【三重県】
津市……………………………………　82
【宮城県】
宮城県………………………　24〜26, 31
岩沼市…………………………………　82
大崎市…………………………………　37
角田市…………………………………　28
栗原市……………………………　37, 38
柴田町…………………………………　25
白石市……………………………　25, 28
登米市……………………………　37, 38
丸森町…………………………………　28
【山形県】
山形県……………………………　24〜26
【山梨県】
山梨県…………………………………　37
双葉………………………………　77, 81, 82

■ 著者略歴
　浅 見 輝 男（あさみ てるお）
　　1932 年　出生
　　1955 年　東京大学農学部農芸化学科卒業
　　1957 年　東京大学大学院化学系研究科農芸化学専門課程修了
　　1959 年　東京大学農学部　助手
　　1972 年　茨城大学農学部　助教授
　　1980 年　茨城大学農学部　教授（～ 1998）
　茨城大学名誉教授
　日本学術会議会員（第 6 部）（1994 ～ 2003）
　日本環境学会副会長（1994 ～ 2001）同会会長（2001 ～ 2005）
　ヤーコン研究会会長（1998 ～ 2002）
　農学博士，専攻：環境土壌学

■ 著　　書
　Heavy Metal Pollution in Soils of Japan（1981）学会出版センター（共著）
　Changing Metal Cycles and Human Health（1984）Springer-Verlag（共著）
　Chemistry and Biology of Solid Waste（1988）Springer-Verlag（共著）
　土壌の有害金属汚染—現状・対策と展望（1991）博友社（共著）
　Biogeochemistry of Trace Metals（1997）Science Reviews（共著）
　農業・農学の展望—循環型社会に向けて—（2004）東京農大出版会（共著）
　カドミウムと土とコメ（2005）アグネ技術センター
　自然保護の新しい考え方（2006）古今書院（編著）
　改訂増補 データで示す—日本土壌の有害金属汚染（2010）アグネ技術センター

福島原発大事故　土壌と農作物の放射性核種汚染

2011 年 8 月 30 日　初版第 1 刷発行

著　者　　浅見　輝男 ©

発行者　　青木　豊松

発行所　　株式会社 アグネ技術センター
　　　　　〒 107-0062　東京都港区南青山 5-1-25 北村ビル
　　　　　電話 03（3409）5329・FAX 03（3409）8237

印刷・製本　株式会社 平河工業社　　　　Printed in Japan, 2011

落丁本・乱丁本はお取替えいたします.
定価は表紙カバーに表示してあります.

ISBN 978-4-901496-61-2　C3051